猛虎再臨
MTA Java
國際專業認證

Microsoft Exam:98-988

目錄

MTA JAVA 認證介紹及相關說明

第一部分

微軟國際認證現行架構

微軟資訊技術認證 MCP 架構

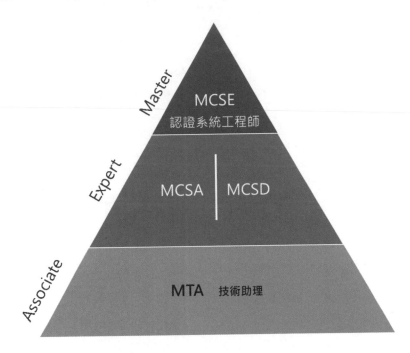

微軟 IT 核心能力認證架構

微軟國際認證 Java 科目介紹

考試規格說明

- 考試科目編號：MTA 98-388
- 科目名稱：Introduction to Programming Using Java
- 測驗方式：採線上即測即評考試。
- 考試題型：單選題、複選題、拖曳題、排序題、配合題、下拉式選項等。

滿分	通過分數	題數	考試時間
100 分	70（含）	約 40-60 題	45-50 分鐘

考試方向說明

- 瞭解 JAVA 基礎知識
  - 描述 main 在 JAVA 應用程式中的使用
  - 使用標準包執行基本輸入和輸出
  - 評估變數的範圍

- 使用資料類型、變數和運算式
  - 聲明和使用原始資料類型變數
  - 構造和評估操作字串的代碼
  - 構造和評估創建、反覆運算和運算元組和陣列清單的代碼
  - 構造和評估執行分析、強制轉換和轉換的代碼
  - 構造和計算算術運算式

- 實施流量控制
  - 構造和評估使用分支語句的代碼
  - 構造和評估使用迴圈的代碼

- 執行物件導向的程式設計

  - 構造和評估類定義。

  - 聲明、實現和訪問類中的資料成員。

  - 聲明、實現和存取方法。

  - 具現化並在程式中使用類物件。

- 編譯和調教代碼

  - 解決語法錯誤、邏輯錯誤和執行階段錯誤

  - 實現異常處理

二 ▶ 如何參加微軟 MTA 國際認證

微軟 MTA 國際認證合格認證中心統稱為授權考試中心，認證中心分為下列二種：

♛ 校園認證中心

校園認證中心專門辦理學校單位之參加認證考試各項事宜，並設有認證課程教學。若有考試報名需求請逕行向學校洽詢或洽 Certiport 台灣區代理商 - 碁峰資訊諮詢 www.gotop.com.tw。

♛ 一般認證中心

一般認證中心辦理社會人士及學生參加認證考試事宜及認證課程教學，若有考試報名需求請洽 Certiport 台灣區代理商 - 碁峰資訊諮詢 www.gotop.com.tw 服務電話：(02)2788-2408。

三 ▶ 考前準備事項

認證考試前必知重點

1. 考試帳號註冊：第一次參加 MTA 認證的考生，請於考試前至 Certiport 網站 http://www.certiport.com/ 註冊，並同意保密協定及隱私權保護。

2. 請牢記於 Certiport 網站登錄的使用者名稱與密碼，以便用於考試中心登入。

進入考場時注意事項

【身分證明文件】

1. 考試當天請務必攜帶有效身份證件：具有相片可辨識的身份證、健保卡、駕照、學生證；外籍人士請攜帶護照正本。

2. 如果應試當天出示的有效證件資料與報名資料不符，將不得進入考場參加考試且不得要求退費或延期。

3. 如持偽造證件者，該人員禁止進入考場，原報名應試人員之考試資格一併取消不予退費，如情節嚴重者將提請相關單位處理。

【考試注意事項】

1. 考試過程中有任何問題，請一律聽從監考人員之指示。

2. 考試結束時應自行上網確認成績是否完成上傳，若自行未確認導致成績未成功上傳，考試承辦單位不予提供補考！成績確認網址 http://www.certiport.com/。

3. 考試採線上即測即評方式，考試結束後取得成績單。

【其他注意事項】

1. 因不可抗力之因素（如：網路斷線、國外主機故障、硬體設備故障、自然災害、罷工、遊行…等），導致考試無法如期舉行或必須中斷考試之情況，主辦單位得另行公佈相關處理辦法。

2. 如遇流行病疫情事，為保障全體應試人員之安全，除遵守政府相關法令外，並得安排特別考試行政措施（如：要求應試人員進場時量體溫、戴口罩、消毒、禁止疑似病患應試…等），敬請應試人員配合。

認證考試後必知重點

1. 認證分數以考試系統顯示為準。

2. 考試完成後，請勿離開電腦，需立即上 Certiport 網站查詢成績，確定成績是否上傳。

3. 如認證考試未通過者，需再購買一張試卷。並依原廠規定間隔時間過後方可重新考試。

以上認證資訊若有異動，以原廠官方網站最新公告為主。

四 ▶ 如何申請考試帳號

原廠網站 Certiport 上註冊

新考生應試前須先透過 Certiport 認證平台網站 http://www.certiport.com/ 註冊個人資料，審慎輸入姓名及使用者名稱與 E-mail 相關資料以免影響權益，而考試時需要輸入考生個人使用者名稱與密碼，最後通過測試，會於 Certiport 系統中產生認證電子證書，請自行下載儲存。

STEP ❶ 請連至 MOS 認證官方網站：www.certiport.com。

STEP ❷ 點選【Login/Register】鈕。

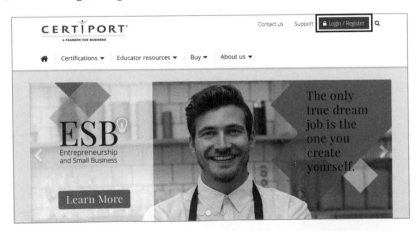

STEP ❸ 點選【註冊】鈕。

STEP ❹ 勾選【Certiport Privacy Statement*】。

STEP ❺ 國家地區選擇【Taiwan】。

STEP ❻ 並輸入驗證碼。

STEP ❼ 按下【下一步】鈕。

STEP ❽ 在所有紅色 * 的後方欄位，輸入個人資料。

STEP ❾ 【姓】/【名字】/【出生日期】/【使用者名稱】/【密碼】/【確認密嗎】/ 選擇【安全問題 1】/【安全問題回答 1】/ 選擇【安全問題 2】/【安全問題回答 2】。

STEP ❿ 按下【下一步】鈕。

STEP ⓫ 在所有紅色 * 的後方欄位，輸入個人資料。

STEP ⓬ 【電子郵件】/【第 1 行】：在此輸入地址 /【第 2 行】：可以輸入個人中文姓名 /【城市】/【郵遞區號】。

STEP ⓭ 按下【下一步】鈕。

CERTIPORT®
A PEARSON VUE BUSINESS

一般使用者註冊

- ✅ 歡迎使用 Certiport
- ✅ 帳戶設定
- ▶ 個人資訊
- 設定檔
- 選擇 A 用途
- 摘要

連絡資訊

如果您忘記您的帳戶(使用者名稱)或密碼，則需要使用您的電子郵件地址來傳送 Certiport 官方正式通訊文件。

電子郵件：*   edxxxxa01@gmail.com
Confirm Email:*   edxxxxa01@gmail.com
電話：
身分證號碼：
☐ 允許 Certiport 透過電子郵件連絡我。

郵寄地址

國家：   Talwan ▼

CERTIPORT®
A PEARSON VUE BUSINESS

CHEN CHIH-YANG 陳智揚

第 1 行：*   新北市新店區北新路二段900號
第 2 行：
城市：*   新北市
郵遞區號：*   231

備用地址（可省略）

若您希望將證書或其它官方物品寄送至以上列出的"郵寄地址"之外的地址，請指定備用地址。
☐ 指定備用地址

◀ 上一頁   下一步 ▶   取消

STEP ⑭ 選擇【主要身份狀態】。

STEP ⑮ 按下【提交】鈕。

CERTIPORT®
A PEARSON VUE BUSINESS

一般使用者註冊

- ✅ 歡迎使用 Certiport
- ✅ 帳戶設定
- ✅ 個人資訊
- ▶ 設定檔
- 選擇 A 用途
- 摘要

請問您目前具備學生身分嗎(包括半日或全日)?*
○ 是
◉ 否

請問您現在是否有工作?*
○ 是
◉ 否

請問下列敘述何者最符合您的狀況?*
家庭主婦/家管 ▼

性別
◉ 男
○ 女

◀ 上一頁   提交   取消

STEP ⓰ 將【參加考試或準備考試】勾選。

STEP ⓱ 按下【下一步】鈕。

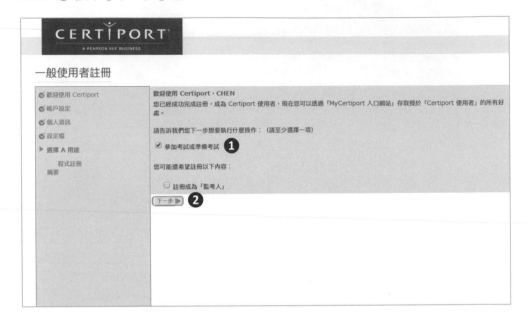

STEP ⓲ 按下【註冊】鈕。

STEP ⓳ 按下【使用我的 Certiport 設定檔資料】鈕。

STEP ⓴ 在所有紅色 * 的後方欄位，輸入個人資料後，按下【提交】鈕。

STEP 21 按下【下一步】鈕。

STEP ㉒ 按下【完成】鈕，即順利註冊完成。

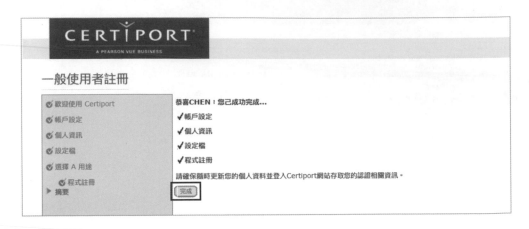

五　考後成績查詢與列印電子證書

成績明細查詢及下載

認證考試結束，按下完成考試後，立刻會跳出本次考試中，在各項目得分的百分比。
請注意：考試完成後，請勿離開電腦，需立即上 Certiport 網站查詢成績，確定成
績是否上傳。

STEP ❶ 請開啓 Certiport 網站 www.certiport.com。

STEP ❷ 登入您的 Certiport 帳號。

STEP ❸ 選左邊第一個頁籤「MY Certiport」→ 點選「My Transcript」。

STEP ❹ 選擇您要下載的科目，點選右側的「分數報表」選項。

STEP ❺ 滑鼠移到成績圖片上，會出現存檔、列印等圖示符號，自行選擇要存檔或
是列印即可。

電子證書下載

通過認證考試後，大約一小時後，考生可自行透過 Certiport 網站，查詢個人成績並下載或列印電子證書。

STEP ❶ 請開啓 Certiport 網站：www.certiport.com。

STEP ❷ 登入您考試使用的 Certiport 帳號、密碼。

STEP ❸ 選擇網頁左邊第一個頁籤「MY Certiport」→選選「My Transcript」。

STEP ❹ 選擇您要下載的科目，點選「PDF」選項。

STEP ❺ 移到證書畫面上方，選擇證書紙張大小，建議選擇「A4」。

STEP ❻ 下載電子證書：將滑鼠移到證書圖片上，會出現印表機及存檔等符號，自行選擇要存檔或是列印證書即可。

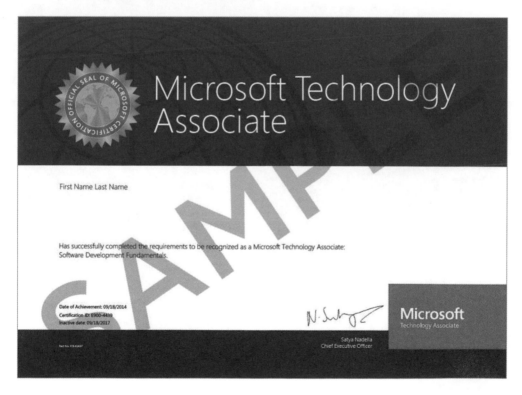

第二部分

安裝 Java 開發環境

- 下載與安裝 Java OpenJDK
- 安裝 Netbeans IDE 開發工具
- JavaSE API 文件

1 ▶ 下載與安裝 Java OpenJDK

Java OpenJDK 安裝與設定請參考 YouTube 影音教學：

https://www.youtube.com/watch?v=9fK-QZCt5CQ

開發 Java 程式之前，必須在電腦裡安裝程式開發環境。當環境建構完成，您所開發或從別處下載的 Java 程式才能順利地執行。以下皆以 Windows 環境開發為例。

安裝 Java JDK 有二個地方：

- Oracle JDK 官方版本：若進行商業應用可能須交付授權金。
- Open JDK 開放版本：完全免費。

本節以 Open JDK 為例，說明 Java 程式環境的安裝與設定方法。

首先，如圖 1-1，請到 https://github.com/ojdkbuild/ojdkbuild 下載 java-1.8.0-openjdk-1.8.0.222-1.b10.ojdkbuild.windows.x86_64.msi (sha256)。

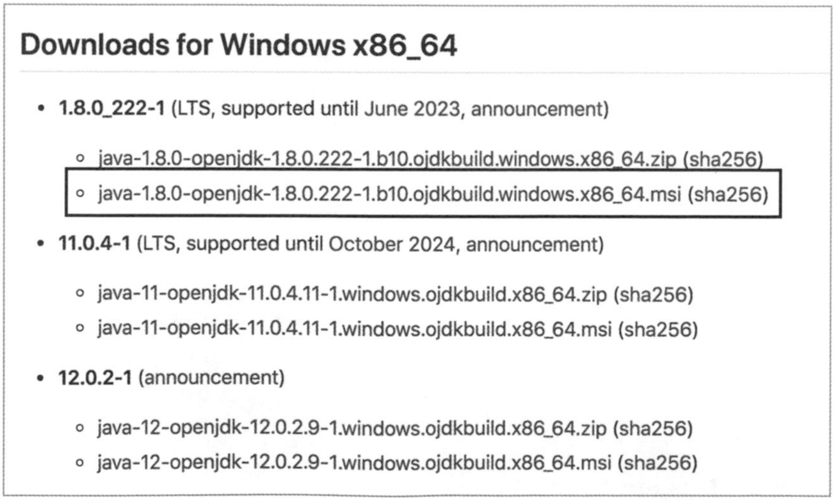

Downloads for Windows x86_64

- **1.8.0_222-1** (LTS, supported until June 2023, announcement)
  - java-1.8.0-openjdk-1.8.0.222-1.b10.ojdkbuild.windows.x86_64.zip (sha256)
  - java-1.8.0-openjdk-1.8.0.222-1.b10.ojdkbuild.windows.x86_64.msi (sha256)
- **11.0.4-1** (LTS, supported until October 2024, announcement)
  - java-11-openjdk-11.0.4.11-1.windows.ojdkbuild.x86_64.zip (sha256)
  - java-11-openjdk-11.0.4.11-1.windows.ojdkbuild.x86_64.msi (sha256)
- **12.0.2-1** (announcement)
  - java-12-openjdk-12.0.2.9-1.windows.ojdkbuild.x86_64.zip (sha256)
  - java-12-openjdk-12.0.2.9-1.windows.ojdkbuild.x86_64.msi (sha256)

圖 1-1：下載 JDK

點擊「java-1.8.0-openjdk-1.8.0.222-1.b10.ojdkbuild.windows.x86_64.msi」進行
安裝，安裝位置預設是在 C:\program_files\openjdk。

2 ▶ 安裝 Netbeans IDE 開發工具

Netbeans 8.2 設定請參考 YouTube 影音教學：

https://www.youtube.com/watch?v=BPonPlvOhnw

工欲善其事，必先利其器。NetBeans 是由昇陽電腦後由 Oracle 甲骨文公司，
現在由 Apache 開放源碼基金會維護的軟體開發工具，是一個開發框架、可擴展
的開發平台，可以用於 Java，C 語言 / C++，PHP，HTML5 等程式的開發，本身
是一個開發平台，可以通過擴展外掛模組來擴展功能（資料來源：維基百科）。
Netbeans IDE 開發工具下載位置：https://netbeans.apache.org/。以 Netbeasn
8.2 版如下所示，8.2 安裝位置：https://netbeans.apache.org/download/archive/
index.html。

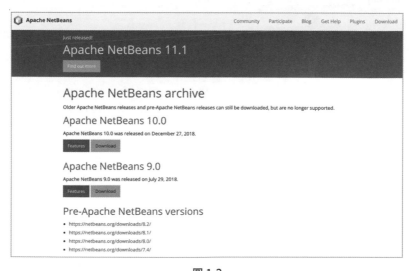

圖 1-2

找到下載連結：

https://netbeans.org/downloads/8.2/

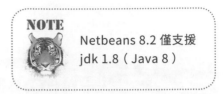

NOTE
Netbeans 8.2 僅支援
jdk 1.8（Java 8）

進入下載頁面：

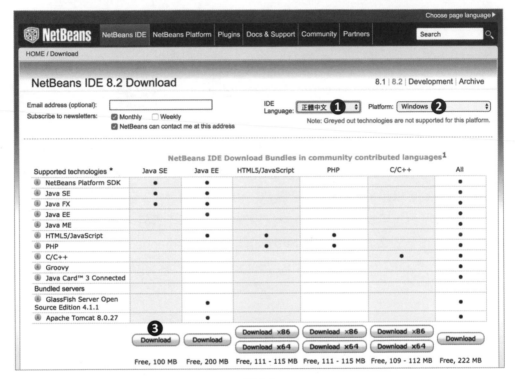

圖 1-3

您可以依照需要選擇 JavaSE、JavaEE 與 All 等平台下載安裝。

STEP ❶ 右上方 IDE Language 請選擇「正體中文」

STEP ❷ 右上方 Platform 請選擇「Windows」

STEP ❸ 左下方請選擇 JavaSE 平台並按下「Download」安裝。

第一部分

3 JavaSE API 文件

想讓程式功力更精進，除了經常練習實作外，最重要的就是要多翻閱 API 文件，你也可以這樣說：API 文件是程式設計師的生命。

請直接到 https://docs.oracle.com/javase/8/docs/api/。

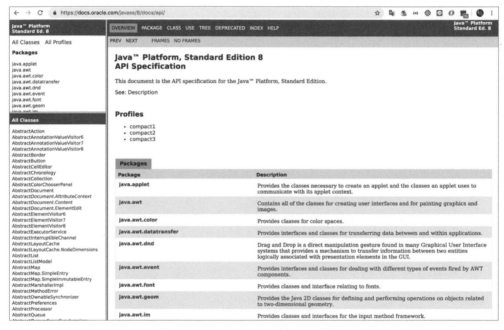

圖 1-4：瀏覽 Java SE API 說明文件首頁

第三部分

進入 Java SE 的世界

Chapter 1
Java 語言基礎

第三部分

Java 是物件導向的語言,我們所生活的環境中其實有許多「物件導向」的實例。當我們要描述一個東西時,勢必會敘述它的屬性與行為。例如,我要描述一隻可愛的小狗,我會說:「有一隻狗名叫小黃,牠的品種是拉布拉多,牠身上的毛是米黃色的,牠的眼睛看起來很憂鬱,真是可愛,牠還會幫主人拿報紙、拎拖鞋,真是貼心」。將其抽象化後,我們可以將小狗設定成一個名叫 Puppy 的**類別**,牠的**屬性**便是狗的名字、品種與毛色等,牠具有幫主人拿報紙、拎拖鞋的**行為**。這個 Puppy 類別下所包含的屬性和方法就可以幻化成 Java 語言的雛型,請參考下列的程式片段。

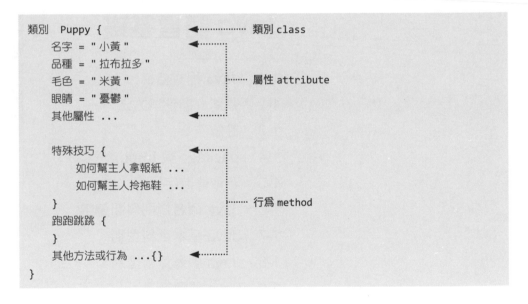

由此得知,類別下面會有二種成員分別為屬性(也可稱為變數)與方法。上述的例子若轉換成合法的 Java 語法,便可寫成如下的程式片段:

```
class Puppy {
    static String dogType = " 拉布拉多 ";
    String dogName = " 小黃 ";
    String dogColor = " 米黃 ";
```

```
    void skill() {
        String skill_1 = " 拿報紙 ";
        String skill_2 = " 拎拖鞋 ";
        System.out.println(" 幫主人 "+ skill_1);
        System.out.println(" 幫主人 "+ skill_2);
    }
    static void move() {
    }
}
```

以下為一個完整的 Java 程式結構與對應名稱：

```
class MyClass {
    類別屬性、物件屬性
    類別方法 ()、物件方法 ()、建構子 ()
}
```

NOTE　建構子也是一種方法，在方法內所宣告的變數稱之為區域變數。

```
class Puppy {
    static String dogType = " 拉布拉多 ";      ◀┈┈┈┈┈┈  類別 class
    String dogName = " 小黃 ";                 ◀┐
    String dogColor = " 米黃 ";                ◀┴┈┈┈  物件變數
    void skill() {                             ◀┈┈┈┈┈┈  物件方法
        String skill_1 = " 拿報紙 ";           ◀┐
        String skill_2 = " 拎拖鞋 ";           ◀┴┈┈┈  區域變數
        System.out.println(" 幫主人 "+ skill_1);
        System.out.println(" 幫主人 "+ skill_2);
    }
    static void move() {                       ◀┈┈┈┈┈┈  類別方法
    }
    Puppy() {                                  ◀┈┈┈┈┈┈  建構子
    }
}
```

類別的成員中若加入 **static** 修飾字就會變成專屬該類別所有的屬性與方法，也就是「類別成員（static member）」。沒加上 static 修飾字的成員則爲物件所有的屬性與方法，稱爲「物件成員（non-static/instance member）」。建構子（constructor）是屬於物件成員，不可以加上 static 修飾字。

要撰寫一個 Java 程式必須從 class 來著手，依照 Java 語言的特性您可以先撰寫好許多實用的 class（零件），接下來再透過一個主程式及某一特定的 business logic（流程）將其拼裝成一個應用程式，藉由不同的流程又可以拼裝成更多的應用程式，這就是物件導向語言的彈性與擴充性。往後的章節當中，您將逐漸體會物件導向語言的強大功能與彈性機制。

❂ 程式進入點

Java 中的程式進入點是由一個特定的類別方法來負責執行：

```
public static void main(String[] args) {
}
```

該方法名稱爲 main，其方法的存取權限爲 public（有關「存取權限」請參考 1-5 節），static 屬於類別的方法，void 表示是一個沒有回傳值的方法，方法參數列固定放入 String[] 陣列且只能有一個。

1-2　類別、屬性與方法

1-2-1　類別

什麼是類別？類別（class）是物件的藍圖，亦即物件的基礎，可用來描述類別或物件內所包含的資料（attribute，屬性），以及該類別或物件可被操作的行為（method，方法）。

♛ 宣告方式

```
[ 存取修飾字 ] + 宣告類別 + 類別名稱 + { 類別的內容與本體 }
```

♛ 語法範例

```
public class HelloWorld { ... }
```

1-2-2　方法

方法（method）為類別與物件提供外界存取和呼叫的服務。

♛ 宣告方式

```
[ 存取修飾字 ] + [static] + 回傳值 + 方法名稱 ( 參數列 ) + { ... }
```

有加上 **static** 的稱為「類別方法」，反之稱為「物件方法」。

♛ 語法範例

```
static void skillA() {}        ◀········ 類別方法
void skillB() {}               ◀···················· 物件方法
```

1-2-3 屬性

屬性（attribute）也可稱之為變數或欄位，是類別與物件的資產。

☗ 宣告方式

[存取修飾字] + [static] + 資料型別 + 屬性名稱

有加上 **static** 的稱為「類別變數」，反之稱為「物件變數」。

☗ 語法範例

static String type = " 拉布拉多 "; ◄·········· 類別變數
String name = " 小白 "; ◄····················· 物件變數

1-2-4 區域變數

在方法或建構子裡面所定義的變數被稱為區域變數，區域變數的生命週期僅存在於這個方法，方法一旦執行完畢，區域變數就自動歸還給系統。區域變數不可以加上 static 修飾字。

了解類別、屬性與方法後，接下來針對這些成員來作一些簡單的程式操控。請再回憶一下類別中有哪二個成員？屬性與方法，而利用 "." 運算子讓我們能輕鬆且直覺地存取到該類別的成員。

取得類別屬性 → 類別名稱 . 類別屬性
取得類別方法 → 類別名稱 . 類別方法 ()
System.out.println("Hello World"); 就是 . 運算子運用設計的最佳實例

設計 PetStore 與 Puppy 二個類別，程式進入點則設在 PetStore 類別，並在程式進入點的方法中操作 Puppy 類別的成員。UML Class Diagram 如圖 1-1。

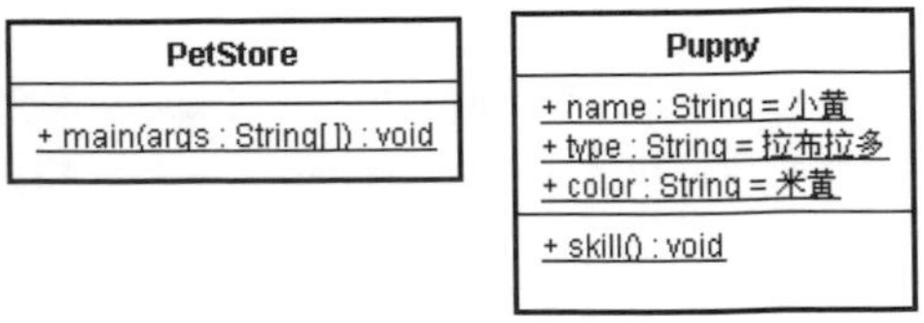

PetStore
+ main(args : String[]) : void

Puppy
+ name : String = 小黃
+ type : String = 拉布拉多
+ color : String = 米黃
+ skill() : void

圖 1-1：UML Class Diagram

【範例程式一】 Puppy.java

```
01   package book.java7.chapter1;
02
03   public class Puppy {
04       public static String name = " 小黃 ";
05       public static String type = " 拉布拉多 ";
06       public static String color = " 米黃 ";
07
08       public static void skill() {
09           System.out.println(" 拿報紙與拎拖鞋 ");
10       }
11   }
```

package book.java7.chapter1; 是 Java 套件宣告，指的是編譯成 .class 檔後要放的路徑。有關 package 的用法與規則將在第 1-4 節「package 與 import」中介紹。

【範例程式二】 PetStore.java

```
01   package book.java7.chapter1;
02
03   public class PetStore {
04       public static void main(String[] args) {
05           String dogName = Puppy.name;
06           String dogKind = Puppy.type;
07           String dogColor = Puppy.color;
08           System.out.println(" 我有一隻聰明的 " + dogKind +
09                               "犬，名叫 " + dogName +
10                               "，他的顏色是 " + dogColor + " 色的 .");
11           System.out.print(" 他每天都會幫我 ");
12           Puppy.skill();
13       }
14   }
```

【編譯】javac PetStore.java

【執行】java PetStore

【執行結果】

> 我有一隻聰明的**拉布拉多犬**，名叫**小黃**，他的顏色是**米黃**色的．
> 他每天都會幫我**拿報紙與拎拖鞋**

利用 "." 運算子來存取 Puppy 類別所屬的類別成員。

1-2-5 具有回傳值的方法

void 屬於**無**回傳值的方法，若要在方法中設計**有**回傳值，必須在方法中明確定義回傳值的資料型別，Java 語法中不可設計**同時**具有回傳值和 void 的方法。

【範例程式】在 Puppy.java 中多設計一個具有回傳值功能的 skill2() 方法。

```
01  package book.java7.chapter1;
02
03  public class Puppy {
04      public static String name = " 小黃 ";
05      public static String type = " 拉布拉多 ";
06      public static String color = " 米黃 ";
07
08      public static void skill() {
09          System.out.println(" 拿報紙與拎拖鞋 ");
10      }
11      public static String skill2() {
12          String skill = " 拿報紙與拎拖鞋 ";
13          return skill;
14      }
15  }
```

【範例程式】PetStore.java

```
01  package book.java7.chapter1;
02
```

```
03    public class PetStore {
04        public static void main(String[] args) {
05            String dogName = Puppy.name;
06            String dogKind = Puppy.type;
07            String dogColor = Puppy.color;
08            System.out.println(" 我有一隻聰明的 " + dogKind +
09                                " 犬 , 名叫 " + dogName +
10                                ", 他的顏色是 " + dogColor + " 色的 .");
11            System.out.print(" 他每天都會幫我 ");
12            String dogSkill = Puppy.skill2();
13            System.out.println(dogSkill);
14            Puppy.skill2();
15        }
16    }
```

【執行結果】

我有一隻聰明的**拉布拉多犬** , 名叫**小黃** , 他的顏色是**米黃**色的 .
他每天都會幫我**拿報紙與拎拖鞋**

範例程式 PetStore.java 第 12 行，利用 dogSkill 區域變數來接收 Puppy.skill2()
所回傳的資料（skill2 的內容值：「 拿報紙與拎拖鞋 」）。值得注意的是，在 Java
語法中也**允許不接收具有回傳值方法的回傳值**，如範例程式 PetStore.java 第 14
行所示，雖然執行程式時沒有接收該方法的回傳值，但 Puppy.skill2() 的程式碼依
然會執行。

1-2-6 何時使用 return 關鍵字？

在方法設計中最後都必須使用 return 關鍵字再加上法定回傳值回傳給呼叫端，但
在 void 方法上是可以省略，當然若想要在 void 方法中使用也行，必須在 return
後面緊接著加上分號 ";"，如 **"return;"** 表示無回傳值。

此外，建構子好比是另一種無回傳值的方法，也可以加上 **"return;"**。一般說來，
在 void 方法與建構子中加上 **"return;"**，實作上用來中斷該方法後續程式碼的執
行，通常可以配合流程控制語法來撰寫例如 if。

程式註解（comment）為程式提供一段說明文字，JVM（Java 虛擬機器）在編譯和執行時會將其忽略。註解的作用在於記載某一段程式的功能或為整段程式留下編寫記錄，好作為 Java 程式開發人員維護程式時的參考。筆者建議平時養成寫註解的習慣，並且利用**文件註解**標記來製作程式說明書，以利日後自己或他人使用、查詢與維護。

在 Java 中註解分為 4 種：

1. 單行註解 → // 註解文字

   當註解或說明文字只有一行時，使用單行註解。

2. 多行註解 → /* 註解文字 */

   當註解或說明文字為多行，或為整段程式標示註解時使用多行註解。註解方式是在 /* 和 */ 之間撰寫說明資訊。例如：

   ```
   /*  ◄········ 開始註解符號
       Puppy.java 範例程式碼
       多行註解
   …*/  ◄········ 結束註解符號
   ```

3. 文件註解 → /** 註解文字 */

4. Annotation：一種 metadata 註解例如：

   假設要實作一個覆寫方法可以在方法上加入 @Override 來修飾

   ```
   @Override
   public void equals(Object obj) {
       … // block of code
   }
   ```

   如此設計就容易區別一般方法與覆寫方法的實作區段。

利用文件註解 /** … */ 語法將註解資訊利用 javadoc.exe 來產生 Java API 文件，產生的過程會將程式碼中的文件註解內容寫到 API 文件中。

例如，我們可以將之前所撰寫的 Puppy.java 加上一些文件註解資訊：

```
package book.java7.chapter1;

/** 這是一個寵物的類別  */
public class Puppy {
    /** 寵物名稱 */
    public static String name = " 小黃 ";
    /** 寵物品種 */
    public static String type = " 拉布拉多 ";
    /** 寵物的外觀色澤 */
    public static String color = " 米黃 ";
    /** 寵物的特殊才藝 */
    public static void skill() {
        System.out.println(" 拿報紙與拎拖鞋 ");
    }
}
```

撰寫好之後利用 javadoc.exe 指令來產生自己的 Java API 文件：

javadoc -verbose -private Puppy.java

private 等級（含）以上的存取權限
都可以寫到文件檔中。

執行所產生的 index.html 如圖 1-2 所示：

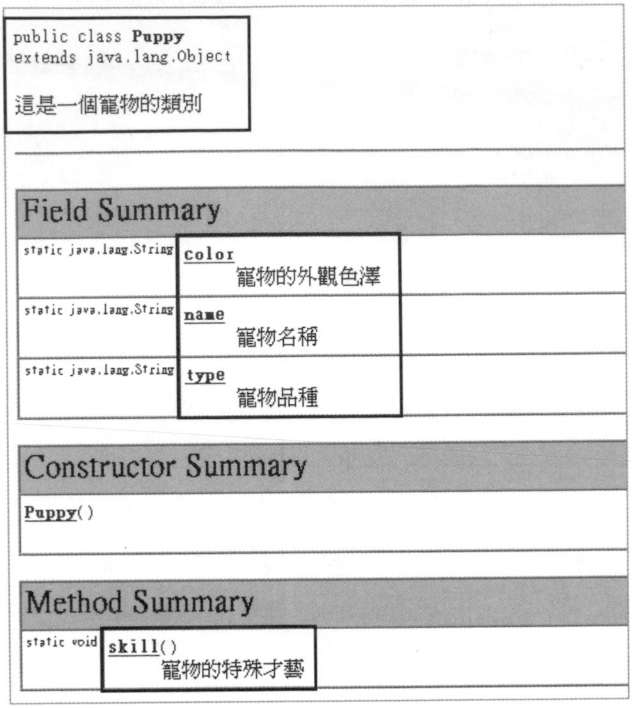

```
public class Puppy
extends java.lang.Object

這是一個寵物的類別
```

Field Summary		
static java.lang.String	**color** 寵物的外觀色澤	
static java.lang.String	**name** 寵物名稱	
static java.lang.String	**type** 寵物品種	

Constructor Summary
Puppy( )

Method Summary	
static void	**skill**( ) 寵物的特殊才藝

圖 1-2：Java API 文件

NOTE

Oracle 的官方 javadoc 說明：

http://docs.oracle.com/javase/8/docs/technotes/tools/windows/javadoc.html

不論使用哪一種註解或寫了多少註解字句，編譯器在編譯成 .class 檔的時候都會加以忽略，因此註解撰寫多寡與程式執行效率無關。

1-4 ▶ package 與 import

package 與 java 程式檔實際存放的位置息息相關，例如 package pet.water 表示該套件所有類別必須存放於 …\pet\water 路徑之下，以便編譯器在執行編譯時能將所產生的 .class 檔放到指定路徑下。

【範例程式】欲將 Fish.java 與編譯後產生出來的 class 檔放置於 water 資料夾中

```
01   package book.java7.chapter1.water;
02
03   public class Fish {
04   }
```

經 javac Fish.java 編譯後，Fish.class 會放在 book/java7/chapter1/water 的資料夾之下，如圖 1-3。

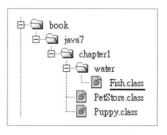

圖 1-3：存放 class 的資料夾

執行時期位於 package 下的 class 要如何能夠找到並存取呢？基本上有三種方式：

1. 打上完整路徑名稱（套件名稱 1. 套件名稱 2. ~ . 套件名稱 n. 類別名稱）

2. 透過 import 來定義

3. 設定 classpath 類別路徑

1-4-1　打上完整路徑名稱

首先我們先用第一種方式。

【範例程式】經由 PetStore2 類別來存取 water.Fish 類別的成員

```
01  package book.java7.chapter1.water;
02
03  public class Fish {
04      public static String name = "小金";
05      public static String type = "金魚";
06      public static String color = "金";
07      public static void skill() {
08          System.out.println("吐泡泡");
09      }
10  }
```

【範例程式】PetStore2.java

```
01  package book.java7.chapter1;
02
03  public class PetStore2 {
04      public static void main(String[] args) {
05          String fishName = book.java7.chapter1.water.Fish.name;
06          String fishKind = book.java7.chapter1.water.Fish.type;
07          String fishColor = book.java7.chapter1.water.Fish.color;
08          System.out.println("我有一隻優雅的" + fishKind +
09                              ", 名叫" + fishName +
10                              ", 他的顏色是" + fishColor + "色的.");
11          System.out.print("每當他肚子餓的時候都會");
12          book.java7.chapter1.water.Fish.skill();
13      }
14  }
```

程式（PetStore2.java）第 5 行，在 PetStore2 類別中要取得 Fish 類別的屬性
name，由於 PetStore2 與 Fish 並不在同一個 package 中，所以 PetStore2.java
的程式碼要明白指出 Fish 類別的確切位置，也就是類別完整全名（Fully qualified
class name）：如 **book.java7.chapter7.water.Fish**.name。

1-4-2 透過 import 來定義

第二種方式是使用 import 來告知 java，如果在執行類別的目錄中找不到所指定 .class，應該要到哪裡去找？ import 有點類似 C# 中的 using 指令，不過就整體機制來說，java 的 import 指令又與它們有著許多不同。

上例中，可以使用「import book.java7.chapter1.water.Fish;」直接指定要使用的完整類別路徑，或使用「import book.java7.chapter1.water.*;」，因 water 套件裡所有的類別都是可能會參考到的對象，當然也自然會包含 Fish 類別囉！在程式實作上建議不要用星號（ * ），應將讓類別中有用到資源逐行 import，如此在理解程式邏輯之前就可以先知道該類別中有使用哪些資源。

【範例程式】PetStore3.java

利用 import 來存取 water.Fish 類別中的類別成員。Fish.java 請參考上一個程式碼。

```java
01    import book.java7.chapter1.water.Fish;
02
03    public class PetStore3 {
04        public static void main(String[] args) {
05            String fishName = Fish.name;
06            String fishKind = Fish.type;
07            String fishColor = Fish.color;
08            System.out.println(" 我有一隻優雅的 " + fishKind +
09                               ", 名叫 " + fishName +
10                               ", 他的顏色是 " + fishColor + " 色的 .");
11            System.out.print(" 每當他肚子餓的時候都會 ");
12            Fish.skill();
13        }
14    }
```

注意，在引用類別名稱不同的情況下，import 可以帶來一些程式撰寫上的便利，不過程式中若需使用分屬在二個不同套件下的相同類別時，這時 import 可能就幫不上忙了，因為編譯器不知道應選擇哪一個類別，所以要打上類別的完整全名，好讓編譯器能明確判別。

1-4-3 java.lang.* 基礎類別函式庫

為何在 .java 檔中可以直接使用 System 類別，以及該類別所提供的成員？例如：

```
System.out.println(" 我愛 Java");
```

java 在編譯與執行時期直接可以找到 System 類別並加以運作。

在 java 程式規範中，預設會將 java.lang.*，也就是所謂的基礎類別函式庫（在 Java 程式中提供許多已經寫好的類別函式庫，名為「Java Platform Packages」，供程式開發人員使用以加速程式的開發）自動 import 進來，該基礎類別的類別檔就被封裝在 C:\Program Files\openjdk\jre\lib\rt.jar 中，解開 rt.jar 後請參考圖 1-4。

類別路徑

Name	Type	Path
SystemClassLoaderAction.class	CLASS 檔案	java\lang\
SYSTEM_EXCEPTION.class	CLASS 檔案	org\omg\PortableInterce
System.class	CLASS 檔案	java\lang\
System$2.class	CLASS 檔案	java\lang\
System$1.class	CLASS 檔案	java\lang\
SysexMessage.class	CLASS 檔案	javax\sound\midi\
SynthViewportUI.class	CLASS 檔案	javax\swing\plaf\synth\
SynthUI.class	CLASS 檔案	sun\swing\plaf\synth\

圖 1-4：透視 rt.jar

 NOTE package 可連續使用「.」運算子來定義實際上存放的位置，也可用「*」來參照此套件下所有套件名稱。例如：

package com.pet.water. Fish; 其類別檔案坐落位置為：

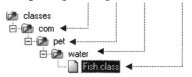

若您的環境變數有設定 CLASSPATH，Java 會根據您所設定的路徑去尋找，否則只會搜尋目前 Java 程式所在的工作目錄，因為我們在先前的環境變數中是將 CLASSPATH 的預設值設為 "."，也就是當前的目錄。

1-4-4 classpath（類別路徑）

第三種方式是設定 classpath，什麼是 classpath 呢？依據 JavaSE API 文件，它是 java 在執行時期用來搜尋類別與其它相關資源的路徑，classpath 是用來告訴 SDK 工具與 Java 應用程式要到哪裡尋找 third-party 或使用者自行定義的 classes、jar 或 zip 等資源，換言之，它們並不是 java 延伸套件或 java 平台的一部份。在預設 的 java 環境中，只會去找 JDK 所提供的兩個類別套件：rt.jar 與 tools.jar。

在系統環境變數所設的 CLASSPATH，其內容將可以提供 java 程式在執行環境 中找尋類別與其它相關資源的路徑。對於一些命令工具，例如：java、javac 與 javadoc 也提供 –classpath 指令，讓程式設計人員在每個獨立應用程式中能有自 己定義的 classpath 路徑。

🏵 變更環境變數中的 CLASSPATH 指令（不同的 classpath 以 ";" 區隔）

```
C:\> set CLASSPATH=classpath1;classpath2...
```

🏵 設定獨立的 –classpath 指令（不同的 classpath 以 ";" 區隔）

```
C:\> sdkTool -classpath classpath1;classpath2...
```

此處的 sdkTool 是指 java.exe、javac.exe 或 javadoc.exe。另外，java.exe 這個工具 程式還提供了 –classpath 的縮寫表示「–cp」。而 javac.exe 所提供的 –sourcepath 容易與 –classpath 混淆，–sourcepath 是用來設定 .java 檔的所在位置。

classpath1;classpath2：可用來指向副檔名為 .jar、.zip 或 .class 的檔案，每一個 classpath 都應以檔名或目錄名稱作結束，而找尋的順序是先找 classpath1 再找 classpath2。

classpath 在撰寫上有三項規定：

1. 含有 .class 的 .jar 或 .zip 檔案，classpath 要以 .jar 或 .zip 作為檔案的副檔名。

2. 未命名的 package，classpath 要以包括所有 .class 檔案的目錄名稱作結束。

3. 已命名的 package，classpath 要以包括 " 根 " package（完整 package 名 稱的第一個 package）的目錄名稱作結束。

1-4-5 有 package 的 class 檔與 classpath

假設在目錄 C:\prg\classes\book\java7\chapter1\water 下有一個 Fish.class（類別完整全名：**book.java7.chapter1.water.Fish**），那麼 classpath 可設定成 C:\prg\classes 如下所示：

在 C:\> 目錄下，利用 –cp 或 –classpath 參數命令皆可。

若在 C:\prg> 目錄下必須設定如下：

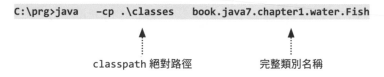

在 C:\prg\classes> 目錄下，-cp 就可以不用設定了。

```
C:\prg\classes>java    book.java7.chapter1.water.Fish
```

完整類別名稱

1-4-6 jar 檔與 classpath

在目錄 C:\prg\classes> 下達 jar –cvf sample.jar 指令，將 classes 目錄（包含子目錄）中所有 class 包裹在 sample.jar 中，再將 C:\prg\classes 下的子目錄都刪除，讓 C:\prg\classes 的目錄中僅剩下 sample.jar 檔。

在 C:\ 目錄下：

```
C:\>java  -cp C:\prg\classes\sample.jar book.java7.chapter1.water.Fish
```

classpath 絕對路徑，且必須
直接指向 sample.jar 檔。

完整類別名稱

在 C:\prg> 目錄下：

```
C:\prg>java  -cp .\classes\sample.jar  book.java7.chapter1.water.Fish
```

在 C:\prg\classes> 目錄下：

```
C:\prg\classes>java -cp sample.jar book.java7.chapter1.water.Fish
```

1-4-7 class、package 與 import 宣告時的先後順序

在程式中，宣告順序依序是：package → import → class。

♛ 合法的宣告

```
01   package water.*;
02   import java.io.*;
03   class MyTest {
04   }
```

♛ 不合法的宣告

```
01   import java.io.*;
02   package water.*;
03   class MyTest {
04   }
```

第一行必須與第二行的程式碼對調，因為 package 必須宣告在 import 之前。

1-4-8 使用 import 是否會影響效能？

程式中使用 import 載入函式庫並不會影響程式的效能，頂多是增加編譯時間而已，來看下面四段程式：

▼例1	▼例2

<pre>import java.io.File ;
public class MyFile {
    File f;
    f = new File("Test.txt");
}</pre>
	<pre>import java.io.* ;
	public class MyFile {
	    File f;
	    f = new File("Test.txt");
	}</pre>

▼例3	▼例4

<pre>import java.io.* ;
import java.awt.* ; // 多了一個沒使用到的
public class MyFile {
    File f;
    f = new File("Test.txt");
}</pre>
	<pre>public class MyFile {
	java.io.File f;
	    f = new java.io.File ("Test.txt");
	}</pre>

從這四段程式中可以看出，每段程式的 import 有著不同寫法，但它們的執行效率卻完全相同。這是因為 Java 編譯器提供了一個聰明的機制：編譯器只會 import 程式碼中有用到的類別。因此不論您如何引用、引用了多少，Java 編譯器都會做最後的把關，因此這四段程式的執行效率是一樣的。

存取修飾字（Modifier）是用來宣告類別、屬性與方法（含建構子）可被存取的權限，並且依存取權限的不同區分成四個等級（由小至大排列）：private、default（又稱 default-package 或無修飾字）、protected 和 public，如表 1-1 所示。而各存取修飾字在類別中的可視範圍則彙整於表 1-2。

表 1-1：存取修飾字權限說明

存取修飾字	權限說明
private	同一個 class 才可存取
default（無修飾字）	同一個 package 下的 classes 皆可存取
protected	同一個 package 下的 classes 皆可存取 若在不同 package 下的 classes 要有繼承關係才可存取
public	皆可存取

表 1-2：存取修飾字的可視範圍

存取修飾字	同一 class	同一 package	子類別	不同 package
private	Yes	-	-	-
default 無修飾字	Yes	Yes	-	-
protected	Yes	Yes	Yes	（Yes）要繼承
public	Yes	Yes	Yes	Yes

一般類別（或稱 outer-class）只能使用 **public** 與 **default**（無修飾字），若是內部類別（inner-class），上述四種皆可定義使用，屬性與方法（含建構子）也可以使用上述這四種存取修飾字。

Java 命名規則與關鍵字

當您使用 Java 命名規則為類別（class）、屬性（attribute）或方法（method）
命名時，須注意以下幾點：

1. 第一個字元必須是**英文字母、底線（_）**
   或 $ 其中之一，如表 1-3。

   表 1-3：命名規則範例

名稱	正確性
Password	ok
_pc	ok
$tax	ok
2nd	error
#userid	error

2. 命名沒有長度限制但是有大小寫的分別。
   Password 與 password 將被視為不同。

3. 命名時不能使用 Java 的關鍵字，關鍵字的最新資訊請參考 Oracle Java 技
   術網站：http://java.sun.com/docs/books/tutorial/java/nutsandbolts/_
   keywords.html。

表 1-4：Java 語言的關鍵字

Keywords in the Java Language				
abstract	continue	for	new	switch
assert ***	default	goto *	package	synchronized
boolean	do	if	private	this
break	double	implements	protected	throw
byte	else	import	public	throws
case	enum ****	instanceof	return	transient
catch	extends	int	short	try
char	final	interface	static	void
class	finally	long	strictfp **	volatile
const *	float	native	super	while

* not used；** added in 1.2；*** added in 1.4；**** added in 5.0

Java 程式碼撰寫慣例

對程式設計師來說，**每一個**寫軟體的人都必須遵循程式碼慣例來撰寫程式。

制定類別（class）名稱

一般慣例會將類別名稱的**第一個英文字母設爲大寫**。例如：class Hello{} 而非 class hello{}

名屬性（attribute）名稱

一般屬性（類別變數、物件變數或區域變數）都以小寫的單字起頭，若是由二個單字所組成，則第二個單字的第一個字母必須設爲大寫，例如：

```
int money = 100; 或 String dogName = " 小白 ";
```

至於常數，在 Java 中暫時沒有使用 **const** 這個常數關鍵字（注意 **const** 是 Java 合法的關鍵字），但可以利用 **static final** 來修飾成有常數特性的屬性，經由 static final 修飾的屬性名稱必須全部使用大寫，例如：

```
public static final double PI = 3.1415926;
```

命名方法（method）名稱

方法名稱都是以小寫的單字起頭，若是由二個單字所組成，則第二個單字的第一個字母必須設爲大寫，例如：

```
public void subnit() { ... }
public int getMoney() { ... }
public void setMoney(int money) { ... }
```

爲方法命名時，第一個單字最好是要使用動詞，例如：getXXX() 或 setXXX()。

命名 package 名稱

package 名稱一律都是小寫，例如：

```
package com;
package book.java7.chapter1;
```

DAO 設計模式方法的命名規則

DAO 設計模式（DAO Design Pattern）完全隱藏封裝來自客戶端的數據訪問實現。而不同的接口方案將不會影響到業務邏輯，也是數據存取中經典的設計技巧。DAO 設計模式方法的常用的命名規則：getXXX()、createXXX()、deleteXXX()、updateXXX()，例如：

```
public Person getPerson(int id) throws DataAccessException
public void createPerson(Person p) throws DataAccessException
public void deletePerson(int id) throws DataAccessException
public void updatePerson(Person p) throws DataAccessException
```

通常我們可以使用 getXXX() 來表示取得單筆紀錄，queryXXX() 來表示取得多筆紀錄。另外，若要使用 findXXX() 可以透過 findXXXByXXX() 來命名，這樣撰寫程式才會比較容易理解。

```
public Person findPersonById(int id) throws DataAccessException
public List<Person> queryPersonAll() throws DataAccessException
```

1-7 ▶ Java 基本資料型別

Java 的資料型別分為基本資料型別（Primitive Type）和參考資料型別（Reference Type）二種。為了讓讀者能更了解這二種資料型別在實際儲存與用法上的差異，首先來看 Java 的變數在記憶體中如何被儲存。

要知道 Java 變數的部署與儲存方式，第一步要了解在一般記憶體中（RAM, Random-Access Memory）有關 Global、Stack 與 Heap 儲存空間如何儲存 Java 變數。記憶體中各種儲存空間如圖 1-5：

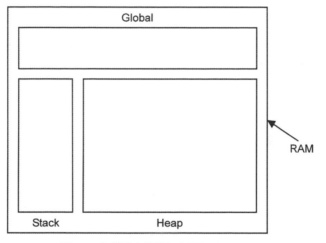

圖 1-5：記憶體中的儲存空間配置

♛ Global- 儲存媒體

存放著被宣告為 static 的類別成員變數。在這空間內存放的類別成員變數將是屬於這個類別的，也是 Java 程式在執行期間一直被維護的資料，不會因為存取它的物件更動（另外建立出一個新物件時）而配置一個新的 static 成員變數供該物件存取。

♛ Stack- 儲存媒體

存放 Java 中宣告為基本資料型別（Primitive Type）的變數內容或物件變數的參考內容值（object reference variable）的地方。當新的宣告產生時，stack 將有指標直接指向該變數，所以存取該變數資料內容時速度較快。也就是說，在 stack 中是利用指標的來回移動指向該變數，以幫助程式能快速存取該變數的內容值，作爲程式執行的參考和判斷。

🏵 Heap- 儲存媒體

存放被宣告爲參考資料型別（Reference Type）的物件實體，但該物件的參考內容值（object reference variable）是存放在 stack 中。也就是說，當您宣告了一個參考資料型別（Reference Type）物件並用 new 這個關鍵字產生此物件實體，物件參考值（object reference variable）將會存在記憶體的 stack 中，新建立（new）的物件實體則在記憶體的 heap 中配置一塊新區域存放，同時在 stack 中的物件參考值也將會指向 heap 中的物件實體。

一般來說，在 heap 中儲存的資料沒有一定限制，但盲目與不當的使用很容易造成記憶體空間與存取時間的浪費。因此，即使 Java 有資源回收（Garbage Collection）的機制仍要謹愼使用。

1-7-1　記憶體中的存放位置

宣告基本資料型別是在記憶體 stack 中直接存放變數內容。假設：int i = 100;

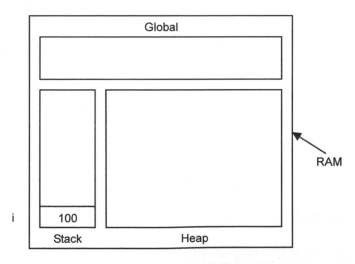

圖 1-6：基本資料型別的記憶體儲存配置

1-7-2 基本資料型別分類

Java 的基本資料型別可分爲 4 大類，其資料型態及範圍如表 1-5 所示：

1. 字元 → char

2. 整數 → byte、short、int 與 long

3. 浮點數 → float 與 double

4. 布林值 → boolean

表 1-5：基本資料型別之資料型態及範圍

資料 類別	資料 型態	位元組數 （bytes）	位元數 （bits）	資料範圍 （Range）	初始值
字元	char (Unicode)	2	16	'\u0000' ~ '\uFFFF' 0 ~ 65535	'\u0000'
整數	byte	1	8	-128 ~ 127	0
	short	2	16	-32,768 ~ 32,767	0
	int	4	32	-2^{31} ~ 2^{31}-1	0
	long	8	64	-2^{63} ~ 2^{63}-1	0L
浮點數	float	4	32	-3.4E+38 ~ 3.4E+38	0.0F
	double	8	64	-1.7E+308 ~ 1.7E+308	0.0D
布林值	boolean	VM 給定	略	只能有 true 或 false	false

類別變數與物件變數若宣告爲基本資料型別，系統會給定初始值，區域變數則不會給定。整數的預設資料型別是 int，浮點數預設的資料型別是 double，例如：在程式碼中直接寫上字面值（literal value）10，預設的資料型別是 int，若字面值是 10.0，則預設的資料型別是 double。

1-7-3 字元

Java 的字元編碼方式為 unicode，char 是可以存放單一字元的變數，而單一個別字元的圈住符號是以單引號表示之（' '）。

資料類別	資料型態	位元組數（bytes）	位元數（bits）	資料範圍（Range）	初始值
字元	char (Unicode)	2	16	'\u0000' ~ '\uFFFF' 0 ~ 65535	'\u0000'

【char 宣告範例】

```
01    char c1 = 'A';              // 可以放入字元，指的是 'A'
02    char c2 = '中';             // 可以放入中文字，指的是 '中'
03    char c3 = '\u4E2D';         // Unicode 16 進位指的也是 '中'
04    char c4 = 20013;            // Unicode 10 進位指的還是 '中'
05    char c5 = 65;               // 指的是 ASCII(65) => 'A'
06    char myArray[ ];            // 字元陣列宣告
07    char n = '\0';              // 宣告一個空字元
```

char 的單一個別圈住符號是用單引號（' '），而 String 字串的圈住符號則是用雙引號（" "），char 的特殊字元表如表 1-6（依字元數值排列）。

表 1-6：特殊字元表

字元數值	字元	解釋	字元數值	字元	解釋
0	\0	取得空字元	13	\r	Carriage return，Enter
8	\b	倒退一格	34	\"	取得雙引號
9	\t	移動一個 tab	39	\'	取得單引號
10	\n	斷行字元	92	\\	取得反斜線
12	\f	移到下一頁			

 NOTE　Java 7 在 char 中處理字元是以 unicode 6.0 來加以編碼。

1-7-4 整數

基本資料型別的整數部份依照可存放資料範圍大小的不同可分為 byte、short、int 與 long。

🔹 整數 byte

資料類別	資料型態	位元組數 （bytes）	位元數 （bits）	資料範圍 （Range）	初始值
整數	byte	1	8	-128 ~ 127	0

【byte 宣告範例】

```
01   byte b1;              // 若 b1 是成員變數，系統會給定初始值 0。
02   byte b2 = 1;          // b2 = 1。
03   byte b3 = 'A';        // b3 = 65，因為 A 字元的 ASCII = 65
04   byte b4 = '1';        // b4 = 49，因為 '1' 字元的 ASCII = 49。
05   byte b5 = 65;         // b5 = 65。
06   byte b6 = 255;        // 編譯錯誤，超過 byte 的資料範圍。
07   byte b7 = 071;        // 8 進制 b7 = 57
08   byte b8 = 0x2F;       // 16 進制 b8 = 47
09   byte b9 = 0b1101;     // 2 進制（Java SE 7 開始支援）
10   byte[] myArray;       // byte 陣列宣告。
```

程式第 7 行 byte b7 = 071；前置詞（0）是用來表示八進制，運算方式：

7	1
8^1	8^0

算式：7 * 81 + 1 * 80 = 57

程式第 8 行 byte b8 = 0x2F；前置詞（0x）是用來表示十六進制，運算方式：

2	F
16^1	16^0

16 進制與 10 進制對應表：

16 進制	0	1	2	3	4	5	6	7	8	9	A	B	C	D	E	F
10 進制	0	1	2	3	4	5	6	7	8	9	10	11	12	13	14	15

算式：$2 * 16^1 + F * 16^0 = 47$

程式第 9 行 byte b9 = 0b1101; 前置詞 0b 是用來表示二進制（Java SE 7 開始支援），其結果為 13。

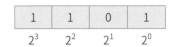

算式：$2^3 + 2^2 + 2^0 = 8 + 4 + 1 = 13$

整數 short

資料類別	資料型態	位元組數（bytes）	位元數（bits）	資料範圍（Range）	初始值
整數	short	2	16	-32,768 ~ 32,767	0

【short 宣告範例】

```
01   short s1 = 1;                 // s1 = 1
02   short s2 = 'A';               // s2 = 65
03   short[] myArray;              // short 陣列宣告。
04   short salary = 30_000 ;       // Java SE 7 字面值表示式 (_)
05   short salary2 = 3_0000 ;      // 同上
06   short salary3 = 3_0_0_0_0 ;   // 也可以這樣來表示，不過意義不大
```

透過 Java SE 7 字面值表示式（_）可以讓程式第 4、5 行閱讀起來更清楚。注意！該字面值表示式（_）只會發生在程式撰寫階段（.java），編譯器在編譯程式碼（.class）時會將其抹除。所以程式第 4~6 行所代表的內容值都是 30000（三萬）。

♦ 整數 int

資料類別	資料型態	位元組數 （bytes）	位元數 （bits）	資料範圍 （Range）	初始值
整數	int	4	32	$-2^{31} \sim 2^{31}-1$	0

【int 宣告範例】

```
01   int i1 = 1 ;                      // i1 = 1
02   int i2 = 'A';                     // i2 = 65
03   int i3 = 2.5;                     // 編譯錯誤，int 不可有小數點。
04   int myArray[];                    // int 陣列宣告。
05   int salary = 90_0000;             // Java SE 7 字面值表示式 (_)。
```

int 可以接受合法的 char。我們可以將 'A' 與 'B' 作相加，答案會是 = 131，因為
ASCII(A) = 65、ASCII(B) = 66。同理，int 也可以作中文字的相加。假設：

```
int a = '爪';
int b = '哇';
int c = a + b;
則 c = 50929
```

因為 ' 爪 ' 是字元，其 unicode 16 進制表示法為 \u722A，換算成十進制為 29226，
相同的 ' 哇 ' 也是字元，unicode 16 進制表示法是 \u54C7，十進制為 21703，所以
21703 + 29226 = 50929 且沒有超過 int 的範圍，當然可以做相加或相減的運算。

> **NOTE**
>
> 在 Java 中除非四則運算的值超過 int 的範圍，否則運算結果預設皆會以 int
> 的資料型態呈現。

長整數 long

資料類別	資料型態	位元組數 （bytes）	位元數 （bits）	資料範圍 （Range）	初始值
整數	long	8	64	$-2^{63} \sim 2^{63}-1$	0L

【 long 宣告範例 】

```
01   long l1 = 1 ;              // l1 = 1
02   long l2 = 'A';            // l2 = 65
03   long l3 = 2.5;            // 編譯錯誤，不可有小數點。
04   long l4 = 10L;            // l4 = 10，將 int(32bits) 轉換成 long (64bits)。
05   long myArray[] ;          // long 陣列宣告。
06   long salary = 1_000_000;  // Java SE 7 字面值表示式 (_)
```

假設：

```
long x;
```

int 的正整數最大值為 2147483647（可以利用 Integer.MAX_VALUE 來取得），我們把 2147483647 + 1 = 2147483648，並指派給 x 變數。試想因 long 的資料範圍本身就比 int 還大，當然可以將 2147483648 放入 x 變數中。再者，long 的最大正整數值是 9223372036854775807，但是當我們將程式碼撰寫成以下的狀況並進行編譯後：

```
long x = 2147483648;
```

編譯時會發生 "integer number too large : 2147483648" 的錯誤！這是因為在 Java 程式中 hard-coded 整數值時，預設的資料型別是 int，2147483648 本身就大於 int 的最大值 2147483647，編譯時當然會出問題。所以必須將程式改寫成：

```
long x = 2147483648L; // L 或 l 大小寫皆可
```

透過 L 將 hard-coded 的 int 轉換成 long 的資料型態，如此就可以編譯成功了。

1-7-5 浮點數

☻ 浮點數 float

資料類別	資料型態	位元組數 （bytes）	位元數 （bits）	資料範圍 （Range）	初始值
浮點數	float	4	32	-3.4E+38 ~ 3.4E+38	0.0F

【float 宣告範例】

```
01  float f1 = 1 ;                    // f1 = 1.0（注意有小數點）
02  float f2 = 'A';                   // f2 = 65.0
03  float f3 = 3.14;                  // 編譯錯誤，字面值浮點數預設型態是 double
04  float f4 = 3.14f;                 // f4 = 3.14，利用 F 或 f 轉型（大小寫皆可）
05  float f5 = (float)3.14;           // f5 = 3.14，利用 (float) 轉型符號
06  float myArray[];                  // float 陣列宣告
07  float final PI = 3.141_592_6f ;   // Java SE 7 字面值表示式 (_)
```

在 Java 語法中，若字面值是浮點數其預設資料型態是 double。所以程式第 3 行，必須要在其數值後面加上 f 或前面加上轉型符號（float）做轉型的動作，讓原本 64 bits 的資料存放空間轉換成 32 bits 的空間來存放。

☻ 浮點數 double

資料類別	資料型態	位元組數 （bytes）	位元數 （bits）	資料範圍 （Range）	初始值
浮點數	double	8	64	-1.7E+308 ~ 1.7E+308	0.0D

【double 宣告範例】

```
01  double d1 = 1 ;                   // d1 = 1.0（注意有小數點）
02  double d2 = 'A';                  // d2 = 65.0
03  double d3 = 2.5f;                 // d3 = 2.5
04  double d4 = 2.5;                  // d4 = 2.5（也可以利用 D 或 d 來轉型）
05  double myArray[] ;                // double 陣列宣告
06  double number = 10e4 ;            // 科學記號表示 104 = 10000.0
07  double final PI = 3.1415926 ;     // double 常數宣告
08  double final PI = 3.141_592_6 ;   // Java SE 7 字面值表示式 (_)
```

在 Java 中 float 與 double 的乘法與除法運算結果均爲「**近似值**」，因爲 float 與 double 的小數位是利用分數與指數來表示（IEEE 754 floating-point arithmetic）。double final PI = 3.141_592_6；透過 Java SE 7 字面值表示式（_）將會使得小數點位更加清楚。

NOTE

IEEE 754 floating-point arithmetic 二進制浮點數算術標準

IEEE 754 是 1980 年代以來許多 CPU 與浮點運算器最廣泛使用的浮點數運算標準，該標準讓 float 與 double 採二進制分數與指數來表示小數位。例如：

0.5 = 1/2

0.75 = 1/2 + 1/4

0.875 = 1/2 + 1/4 + 1/8

0.1 = 1/16 + 1/32 + 1/256 + 1/512 +1/4096 + ...

由上述我們發現 0.1 將會無窮地運算下去，所以實作上必須在某一點切斷運算因此就會產生誤差，這也就是我們常說 Java 的 double 與 float 所表現出來的值並非是眞值而是近似值的原因。

一個因爲 IEEE 754 的有趣例子：

```
01   double x = 0.3 + 0.3 + 0.3;
02   System.out.println(x == 0.9);          // false
```

執行結果：false

Why？別著急！多加一行程式碼就會知道了。

```
01   double x = 0.3 + 0.3 + 0.3;
02   System.out.println(x);                 // 0.8999999999999999
03   System.out.println(x == 0.9);          // false
```

所以 0.8999999999999999 == 0.9 將會傳回 false。

解決近似值的問題！

若要讓浮點數明確的計算出眞正的數值，可以使用 java.math.BigDecimal 類別所提供的物件方法來運算。

```
01   package book.java7.chapter1;
02
03   import java.math.BigDecimal;
04
05   public class BigDecimalDemo {
06       public static void main(String[] args) {
07           double x = 0.3 + 0.3 + 0.3;
08           System.out.print (x == 0.9);
09
10           BigDecimal y = new BigDecimal("0.3");
11           y = y.add(y).add(y);
12           System.out.print (y.doubleValue() == 0.9);
13       }
14   }
```

執行結果：false true

1-7-6 布林值

資料類別	資料型態	位元組數（bytes）	位元數（bits）	資料範圍（Range）	初始值
布林值	boolean	VM 給定	略	只能有 true 或 false	false

【 boolean 宣告範例 】

```
01   boolean b1 = true;              // b1 = true
02   boolean b2 = 1;                 // 編譯錯誤
03   boolean myArray[];             // boolean 陣列宣告
```

在 Java 語法中，boolean 資料型態的變數值只能是 true 和 false，不可用數值資料 0 與 1 表示。

NOTE 在 Java 中，每一個被宣告為基本資料型別（primitive type）的變數，在記憶體內被儲存的空間是相同的，不會因不同的作業系統或硬體設備而有差異，目的是能與各種作業系統整合並保持高度的可攜性，這也是 Java 能相容於異質平台的原因之一。

1-7-7 基本資料型別的資料轉換

Java 語言中針對基本與參考資料型別皆提供了二種資料型別轉換，分別是隱含式的轉換（Implicit Casting）以及強行式的轉換（Explicit Casting）。以下僅針對基本資料型別來探討，至於參考資料型別的轉換會在「第 3 章：Java 物件導向」中加以說明。

🐾 隱含式的轉換（Implicit Casting）

小轉大，以較小的資料型別轉成較大的資料型別（例如：將 16bits 的資料放到 32bits 的資料中），無風險。系統會根據程式的需要自動且適時地轉型。

🐾 強行式的轉換（Explicit Casting）

大轉小，以較大的資料型別切割成較小的資料型別（例如：將 32bits 的資料放到 16bits 的資料中），風險大。必須在程式中指定，系統並不自動轉型。以下是強行式轉換（Explicit Casting）的範例。

【隱含與強行式的轉換範例】

```
01   int i = 1;
02   double d = 0;
03   d = i;
04   i = d;
05   i = (int)d;
06   float f;
07   f = 2.5;
08   f = (float)2.5;
09   f = 2.5f;
```

程式解說：

[第 1 行] 將 1 指派給 i 變數（合法），注意！整數的字面值預設是 int 資料型別。

[第 2 行] 宣告 double d（合法），注意！浮點數的字面值預設是 double 資料型別。

[第 3 行] 將 i 變數的內容值指派給 d（合法，隱含式轉換 Implicit Casting）

[第 4 行] 將 d 變數的內容值指派給 i（不合法，強行式轉換程式需要作 Explicit Casting）

[第 5 行] 將 d 變數的內容值經過強行式轉換後指派給 i（合法）

[第 6 行] 宣告 float f（合法）

[第 7 行] 將 2.5 指派給 f（不合法，因為在 Java 語言中浮點數字面值預設的資料型別是 double）

[第 8 行] 將 2.5 經過強行式轉換後指派給 f（合法）

[第 9 行] 將 2.5 透過 F 或 f 特定轉型字元直接轉型成 float（合法）

基本資料型別中的強制轉換機制，原則上就是切割資料。例如：

```
byte b = (byte)257;
System.out.println(b);

答案：b = 1
```

運算從 = 右邊開始，257 是 int 資料型別，它的位元組是 32 bits 其內容如下：

```
0 0 ～ (20 個 0) ～ 0 1 0 0 0 0 0 0 0 1 = 28 + 20 = 257
```

經過（byte）強制型別轉換後會切掉前 24 個 bits，留下剩餘的 8 個 bits，因為 byte 的資料型別內容長度是 8 個 bits。

```
0 0 ～ (20 個 0) ～ 0 1 0 0 0 0 0 0 0 1
```

剩下的 0 0 0 0 0 0 0 1 → 20 = 1

注意！以上是理解的邏輯，倘若我們將此程式碼的 .class 檔反組譯之後會得到：

```
byte b = 1;
System.out.println(b);
```

編譯器會評估執行效率，所以在編譯時期會先把答案算好（不再變動），這種情形就是所謂的 Java 編譯器蜜糖（compiler suger）。

在 Java 語言中基本資料型別（char、byte、short、int、long、float、double 與 boolean）以外的資料型別都是參考資料型別（reference type）。

1-8-1 記憶體中的存放位置

參考資料型別的實體會以物件的方式儲存在記憶體 heap 中，而記憶體 stack 裡面所存放的是該物件的參照位置（例如：0xabcd），並且被該物件變數所指向（參照）。Java 程式開發人員在撰寫程式的時候不必維護參照（reference）。

假設在 Java 中宣告並建立一個 String，其記憶體儲存配置如圖 1-7。

```
String s = new String("Java");
```

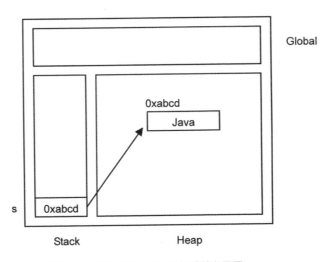

圖 1-7：參考資料型別的記憶體儲存配置

```
System.out.println(s); // 將會印出 "Java"
```

1-8-2 一維陣列與字串

陣列指的是一連串資料或物件,在 Java 語言中同一個陣列只能存放相同資料型態的資料。不論是基本資料型態(primitive type)或者是類別型態(class type)的資料,皆可宣告成為陣列。在陣列中 [ ] 代表的是索引運算子(indexing operator),用來指向陣列物件中每個元素(element)的位置或者是物件陣列宣告的長度,例如:

```
System.out.println(args[0]);
```

所代表的是在螢幕上列印出 args 陣列中第一個元素內容值。

```
int[] i = new int[10] ;
```

所代表的是宣告一個 int 陣列其長度為 10,也就是說,int 陣列中可存放 10 組 element,其物件索引範圍(維度)是從 [0~9]。

❈ 基本資料型態(primitive type)陣列宣告

```
int  i[ ] ;
int [ ]  i;
int  [ ]i;      ( 以上三種方式皆可 )
```

❈ 類別型態(class type)陣列宣告

```
String  s[ ];
String [ ]  s;
String [ ]s;    ( 以上三種方式皆可 )
```

❈ 錯誤的陣列宣告

```
[ ] String s ;

( [ ] 不可放於資料型別的左邊 )
```

宣告陣列時，可利用 **new** 這個關鍵字來產生陣列實體，例如：`int[ ] i = new int[5]`。new 運算子會傳回一個參考（reference），用來指向物件變數的實體，並為該物件在記憶體中配置一個實體的空間。

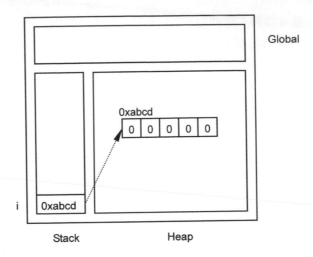

圖 1-8：陣列的記憶體儲存配置

陣列宣告後，會預先在每個維度內容中給定該資料型別的初始值，以 int 來說，其初始值為 0，所以 int[ ] 中的每一個維度初始預設值皆為 0。

修改維度內容：

```
i[0] = 5;
i[1] = 6;
```

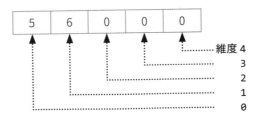

一維陣列直接給定預設內容值的宣告方式：

```
01    int[ ] i = new int[  ] {1,2,3,4,5};
02    int[ ] j = {1,2,3,4,5};
03    int[ ] k = new int[5] {1,2,3,4,5};       // 不合法的陣列初始值宣告
04    Object o = new int[10];                   // 可以將陣列宣告成 Object 型態
```

被宣告的陣列物件會根據 **{ }** 內元素個數（以逗號區分個別元素資料）來配置記憶體空間。

Java 中的 String 字串基本上就是 char 陣列，String 與 char 的關係如表 1-7。

表 1-7：String 和 char 比較

比較項目	String	char
資料型別（Data type）	參考資料型別 Reference type	基本資料型別 Primitive type
圈住資料的符號（Literal enclosed）	使用雙引號（"）	使用單引號（'）
抽象表現（Represent）	是一個類別（class）	16 bits Unicode
比較運算（Operator Compared）	equals() 或 (==)	雙等號（==）
內容值是否可變	不可變	可變

表 1-7 中的 "==" 比較運算，是用來比較基本資料型別變數或參考資料型別變數，在 stack 中的內容是否相等。例如：

```
01    char c1 = 'A';
02    char c2 = 'A';
```

上例中，當 c1 == c2 時會回傳 true，表示 c1 與 c2 在 stack 內容是一樣的，而且都是 'A'，所以通常我們會用 "==" 運算子來判斷兩基本資料型別變數的內容值是否相等。

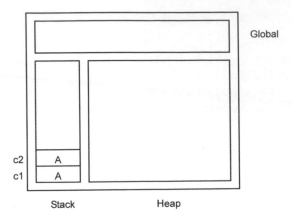

圖 1-9

既然如此，那 String 的內容也可以用 "==" 來判斷嗎？以下我們做個簡單的範例：

```
01    String s1 = new String("Java");
02    String s2 = new String("Java");
```

執行 s1 == s2 時，回傳值竟然是 false! 為什麼呢？

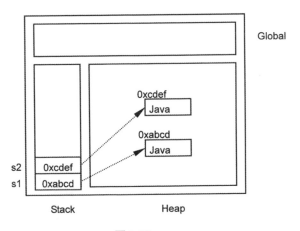

圖 1-10

從圖 1-10 得知 String s1 = new String("Java"); 與 String s2 = new String("Java");
會各自在 heap 中擷取一塊記憶體空間來存放字串內容，因為是「各自擷取」，所
以該變數在 stack 的內容也會不同（參照不同的記憶體位置），當然 s1 == s2 會傳
回 false。

如何比較字串的實際內容值？

利用 String class 所提供的二組 API，可以做字串實際內容值的比較。

🔷 public boolean equals(Object anObject)

傳回值型態	方法定義
boolean	**equals(Object o)** Compares this string to the specified object. The result is true if and only if the argument is not null and is a String object that represents the same sequence of characters as this object. String 中的 equals() 是改寫 Object 物件中 equals() 的方法來使用。

🔷 public boolean equalsIgnoreCase(String anotherString)

傳回值型態	方法定義
boolean	**equalsIgnoreCase(String o)** Compares this String to another String, ignoring case considerations. Two strings are considered equal ignoring case if they are of the same length, and corresponding characters in the two strings are equal ignoring case. 忽略大小寫的比較。

以本題為例，要實際比較 s1 與 s2 的內容可以寫成：

```
s1.equals(s2);
```

這時就會進行字串實際內容的比對，而傳回 true。

不過，在 Java 1.4 版（含）後針對 String 的儲存應用做了修改，為了提升 String 的使用率與效能，在 heap 中為 String 物件建造了一個虛擬的 String pool 來存放 String。若要將所宣告的 String 放入 String pool 中，我們可以使用 String literal （字串字面值）的方式來宣告：

```
01   String s3 = "Java";
02   String s4 = "Java";
```

用 String literal 的方式來宣告 String，所建立的實體就會被放在 String pool 中，
之後再執行一次 s3 == s4，發現回傳值竟然是 true！

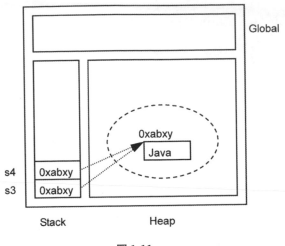

圖 1-11

由圖 1-11 可知，放在 String pool 的字串物件是可以共用的，s3 與 s4 的字串內容
一樣所以會指到同一個字串物件，當然，在 stack 裡 s3 與 s4 所參照的位置會相
同，也因此 s3 與 s4 比較會傳回 true。同樣的，s3 與 s4 也可以利用 equals() 來
做字串內容的比對。

🔄 字串內容是不可變的

「字串內容是不可變的。」這一句話的意思是說，當字串已在記憶體中被建立出來，
該記憶體中的字串內容就不允許被變更。例如：

```
01    String s = "Java";
02    s = s + "SCJP";
03    System.out.println(s);
```

第 3 行仍會印出 "JavaSCJP"，看一下程式第 1 行和第 2 行在記憶體中的變化，如
圖 1-12、圖 1-13。

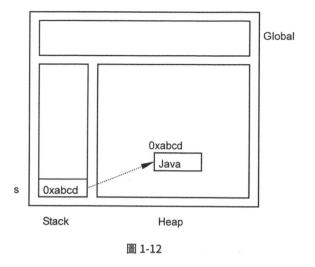

圖 1-12

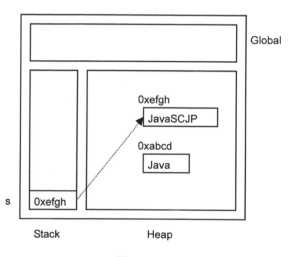

圖 1-13

圖 1-13 中，0xabcd 位置的 "Java" 字串內容，並不會變更，程式第 2 行在記憶體中另開一塊新空間來存放新字串 "JavaSCJP"，並將新字串的位置給 s 變數參照使用，因此 s 指向與印出來的字串內容將是最新的 "JavaSCJP" 字串。

陣列的長度與字串長度

陣列中取得陣列的大小（size）

```
語法：陣列物件變數 .length;
int[] i = new int[10];
int len = i.length;  // len = 10
```

length 是陣列的屬性（Attribute）。

String 中取得 String 的長度

```
語法：字串物件變數 .length();
String s = "PCSCHOOL";
int len = s.length();  // len = 8
```

length() 在 String 物件中是一個方法（Method）。

表 1-8：length 在陣列及字串中的用法

陣列 Array	字串 String
物件 [Object].length ;	物件 [Object].length() ;
在陣列中 length 是一個**屬性**	在字串中 length() 是一個**方法**

1-8-3 多維陣列

在 Java 程式中所謂的多維陣列（Multidimensional Arrays），就是陣列中的陣列（arrays of arrays）利用多個一維陣列來模擬多維陣列的情境，也因此在多維陣列中每一個維度（陣列的大小）可以不相同。

Java 中，以陣列中的陣列所模擬出的多維陣列（Multidimensional Arrays）可分爲對稱型陣列和非對稱型陣列二種型態。

🌀 對稱型陣列（Rectangular）

```java
// 這是一個 3X3 二維的陣列（以下 3 種皆合法）。
int mInt[ ][ ] = new int[3][3];
int [ ] mInt [ ] = new int[3][3];
int[ ][ ]mInt = new int[3][3];

// 這是一個 2X3 二維的陣列。
int mInt [ ][ ] = new int[2][3] ;

// 這是一個 2X3X5 三維的陣列。
int mInt [ ][ ][ ] = new int[2][3][5];

// 這是一個 n1 * n2 * …* n 多維的陣列。
int mInt [ ][ ]…[ ] = new int[n1][n2]…[n] ;
```

以 **int** m[ ][ ] = new int[2][3]; 爲例：

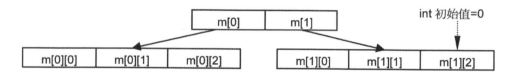

m[0]：所指向的是一個 size = 3 的一維陣列（例：int[3]）。

m[1]：所指向的也是一個 size = 3 的一維陣列。

在 m[0][0] ~ m[1][2] 維度內皆是 int 的內容初始值 0。

🌀 非對稱型陣列（Non-Rectangular）

```java
int m[ ][ ]= new int[2][ ];
m[0] = new int[3];
m[1] = new int[1];
```

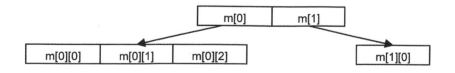

多維陣列的初始化內容宣告

```
int mutiInt[ ][ ] = { {1,2}, {1,2,3} };
```

分別以括號（{}）來表示不同階層的陣列。

陣列的宣告是從左至右的方式來初始陣列大小

```
int mutiInt[ ][ ] = new int[][3];
```

此為錯誤的宣告方式，會產生編譯錯誤（Compile error）。

陣列的宣告是從左至右的方式來初始陣列大小，使其能在記憶體中事先配置一塊空間，例如：

```
int[][] m1 = new int[2][];      // 合法
int[][] m2 = new int[][3];      // 不合法
```

陣列長度的給定不可以放在變數型別宣告區

```
int[][] m1  = new int[2][];     // 合法
int[2][] m2 = new int[][];      // 不合法
```

陣列其他常用方法

isArray()

用來判斷該物件變數所指向的實體是否是陣列型態。用法如下：

```
int [][] array2D = {{0, 1, 2}, {3, 4, 5, 6}};
System.out.print(array2D.getClass().isArray() + ",");
System.out.print(array2D[0].getClass().isArray());
```

執行結果：true,true

✪ System.arraycopy()

陣列複製可以利用 System 類別所提供的靜態方法：

```
System.arraycopy( 來源 , 起始索引 , 目的 , 起始索引 , 複製長度 );
int [] array = {1, 2, 3, 4, 5};
System.arraycopy (array, 2, array, 1, 2);
System.out.print (array[1]);
System.out.print (array[4]);
```

執行結果：35

內容	1	2	3	4	5
維度	0	1	2	3	4

來源起始索引 =2 且複製長度 =2 將得出 {3, 4}

內容	1	2	3	4	5
維度	0	1	2	3	4

複製到目的端且複製的起始索引 =1 產生的新陣列如下：

$$\{1, \ 2, \ 3, \ 4, \ 5\} \ 變成 \ \{1, \ 3, \ 4, \ 4, \ 5\}$$

原陣列：

內容	1	2	3	4	5
維度	0	1	2	3	4

新陣列：

內容	1	3	4	4	5
維度	0	1	2	3	4

由上可知 array[1] = 3，array[4] = 5。故執行結果 =35。

陣列 Resize

在 Java 中，陣列不被允許重新定義大小（Resize），如果要在程式中調整陣列大小（Array Resizing），必須再用 new 關鍵字重新創造陣列。重新宣告後，原來的陣列仍會保留在記憶體中，只是物件參考值會指向新 new 出來的物件陣列實體，而舊的陣列物件實體將會被資源回收機制 Garbage Collection 所回收。

1-9　Java 的運算子

運算子也是 Java 考試重點之一，不過通常會搭配流程控制來出題，例如：if、for⋯ 等，在 Java 5.0 認證考試之後排除了位元運算子（Bitwise Operator）與位移運算子（Shift Operator），不過在一般實作上也可能有機會使用的到，例如製作加解密的運算等，有空時也必須要多去涉獵。

1-9-1　Java 的賦值

Java 中的賦值（=），也就是賦予、指派（Assignment）的意思。例如 int i = 0; 正確的說法是「將數值 0 指派給 i 變數」，而賦值（=）也是一個運算子稱為指定運算子（Assignment Operator）。

🔄 賦值（=）沒有比較功能

賦值（=）沒有比較功能，有比較功能的是（==）比較運算子，切記！考試時要注意。

在 Java 程式語言中所包含的指定運算子（=）可與算式運算子、位元運算子及位移運算子配合使用（參閱「1-9-6 指定運算子」）。

1-9-2　Java 的運算子

在 Java 程式當中運算子可分為以下三種：

1. 單元（一元）運算子：例如 +2，-2。

2. 雙元運算子：例如 2-1，3*2。

3. 三元運算子：例如 (2>1)? true : false(? :)。

各運算子在實作上依不同的運用方式可再分為以下幾種類型：

1. 算數運算子（Arithmatic Operator）

2. 關係運算子（Relational Operator）

3. 邏輯運算子（Logic Operator）

4. 位元運算子（Bitwise Operator）

5. 位移運算子（Shift Operator）

6. 指定運算子（Assignment Operator）

7. 三元運算子（Ternary Operator）

1-9-3 算數運算子

Java 語言中所包含的算數運算子如下表所示。

表 1-9：算數運算子

運算子	說明	範例	運算子類別
+	正號	+2 → 取得正數 2。	單元
	加法	2 + 1 = 3。	雙元
-	負號	-2 → 取得負數 2。	單元
	減法	2 – 1 = 1。	雙元
*	乘法	2 * 3 = 6。	雙元
/	除法	4 / 2 = 2。	雙元
%	餘數	3 % 2 = 1，求得 3 除以 2 的餘數。	雙元
++	遞增	前序遞增： int x = 0; x = ++x；表示 x 先加上 1 之後再指派給 x，所以 x = 1。	雙元
		後序遞增： int x = 0； x = x++；表示 x（此時的 x=0）會先指派給 x 之後才會執行 ++ 的動作，但 x 仍然是 0。	
--	遞減	前序遞減： int x = 0； x = --x；表示 x 先減 1 之後再指派給 A，所以 A = -1。	雙元
		後序遞減： int x = 0； x = x--;表示 x（此時的 x = 0）會先指派給 x 之後才會執行 -- 的動作，但 x 仍然是 0。	

值域在 int（含）以下的資料型別（byte, short, char）做四則運算的時候，其當下運算時的資料型別會被轉成 int，所以要適時地做型別轉換！例如：

```
byte x = 1, y = 2, z;
z = x + y;
```

編譯時會發生精度錯誤（possible loss of precision），所以必須要轉型：

```
z = (byte)(x + y);   ß (x+y) 都要括起來，因為要將 x+y 的 int 運算結果轉成 byte
```

不要寫成這樣：

```
z = (byte)x + y;   ß 運算 +y 型別還是 int，仍然會發生精度錯誤！
```

♛ 遞增運算範例

```
01   int a = 0, b = 0;
02   b = a++ + ++a - a++;
03   System.out.println("a=" + a + ", b=" + b);
```

【速算法】

STEP ❶ 先將有 ++ 的部份用 ( ) 括起來。

```
b = a(++) + (++)a - a(++);
```

之後遇到 ++ 時將所指定之變數做加一的動作

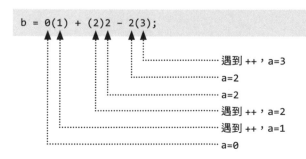

```
b = 0(1) + (2)2 - 2(3);
```

遇到 ++，a=3
a=2
a=2
遇到 ++，a=2
遇到 ++，a=1
a=0

STEP ❷ 去括號求 b 值

```
b = 0 + 2 - 2
b = 0
```

答案：a = 3, b = 0

🔻 遞減運算範例

```
01   int a = 0, b = 0;
02   b = a-- + --a - a--;
03   System.out.println("a=" + a + ", b=" + b);
```

【速算法】

STEP ❶ 先將有 -- 的部份用 () 括起來之後再加以運算。

```
b = a(--) + (--)a - a(--);
b = 0(-1) + (-2)-2 - -2(-3);
```

STEP ❷ 去括號 b = 0 -2 + 2 ➔ b = 0

答案：a = -3, b = 0

一個有趣的例子，1.5 也是在考試中常出現的題型：

```
01   int a = 0;
02   System.out.print(x++);
03   System.out.print(x);
```

執行結果：01

程式第 02 行 x++ 因為是後序遞增所以會先列印當時 x 的內容值也就是 0，之後才會進行 ++ 的動作（此時 x 的內容值才會是 1）。程式第 03 行只是單純印出 x 的內容值 1。

1-9-4 關係運算子

Java 語言中所包含的關係運算子如下表所示。

表 1-10：關係運算子

運算子	說明	範例	運算子類別
==	等於	a == b	雙元
!=	不等於	a != b	雙元
>	大於	a > b	雙元
<	小於	a < b	雙元
>=	大於等於	a >= b	雙元
<=	小於等於	a <= b	雙元

關係運算可用於布林值運算，因此傳回值為布林值（true 或 false）。

♛ 關係運算子使用範例

```
int a = 1;
int b = 2;
a == b，return false
a > b，return false
a < b，return true
a >= b，return false
a <= b，return true
```

1-9-5　邏輯運算子

Java 語言中所包含的邏輯運算子如下表所示。

表 1-11：邏輯運算子

運算子	說明	範例	運算子類別
&	AND	a & b	雙元
|	OR	a | b	雙元
!	NOT	! a	單元
（短路）Short-circuit Operator			
&&	AND	a && b	雙元
||	OR	a || b	雙元

經過邏輯運算子運算過後會傳回布林值。

❤ 邏輯運算子使用範例

```
int a = 1;
int b = 2;
(a < b) && (a > 0) → true && true → return true
(a < b) & (a > 0) → true & true → return true
(a > b) || (a < 0) → false || 不判斷 return false
(a > b) | (a < 0) → false | false → return false
!(a > b) à !false → return true
```

&& 與 & 以及 || 與 | 在運算上是有不同的，請看範例。

❤ 宣告變數

```
int a = 1;
int b = 2;
```

【OR 運算範例】

```
(b > a) | (a < 0)
```

【說明】在 OR（|）的運算上會先運算 (b > a)，不論傳回值是 true 或 false 皆會執行下一組運算 (a<0)。

【OR（short-circuit）運算範例】

```
(b > a) || (a < 0)
```

【說明】在 OR（short-circuit）的運算上會先運算 (b > a)，若傳回值為 true 則不會執行下一組運算 (a<0)。

我們將程式做一些修改：

```
(a > b) || (a < 0)
```

【說明】同樣的，在 OR（short-circuit）的運算上會先運算 (a > b)，因為其傳回值為 false 所以會執行下一組運算 (a < 0)。

【AND 運算範例】

```
(a < b) & (a < 0)
```

【說明】在 AND（&）的運算上會先運算 (a < b)，不論傳回值是 true 或 false 皆會執行下一組運算 (a<0)。

【AND（short-circuit）運算範例】

```
(a < b) && (a < 0)
```

【說明】在 AND（short-circuit）運算時，會先運算 (a < b) 傳回值為 true。在 AND（short-circuit）運算子中，只有當第一組運算結果傳回值為 true 的時候，才會執行下一組運算 (a<0)。

我們一樣將程式做些修改：

```
(a > b) && (a < 0)
```

【說明】同樣地，在 AND（short-circuit）的運算上會先運算 (a > b)，因爲其傳回值爲 false，所以不執行下一組運算 (a < 0)。

從以上的經驗，撰寫一個 OR（|）範例程式：

```
01    int a = 1;
02    int b = 2;
03    if ((a < b) | (++a > 0)) {
04    System.out.println("a=" + a);
05    }
```

執行結果：a = 2

程式第 1、2 行分別先宣告 int a、int b 並指派初值 1、2。第 3 行中利用 OR 運算子（|）先執行 (a < b) 傳回 true 之後，再執行 (++a > 0) 的運算（先執行 ++a，所以此時的 a 值爲 2，再執行 a > 0）傳回 true（因爲 2 > 0）。第 4 行將 a 值列印於螢幕上。

再撰寫一個 short-circuit OR（||）範例程式：

```
01    int a = 1;
02    int b = 2;
03    if ((a < b) || (++a > 0)) {
04    System.out.println("a=" + a);
05    }
```

執行結果：a = 1

程式第 1、2 行分別先宣告 int a、int b 並指派初值 1、2。第 3 行中利用 OR（short-circuit）運算子會先針對 (a < b) 做運算，當程式執行 (a < b) 時傳回 true（當 OR(short-circuit) 運算子定義中當第一組運算傳回值爲 true 時，將不再往下執行其他運算），(++a > 0) 將不繼續執行且把 true 當成運算完成結果丟給 if 判斷句。第 4 行將 a 值列印於螢幕上。

AND（&）與 short-circuit AND（&&）運算子也是相同的道理。

1-9-6 指定運算子

Java 語言中所包含的指定運算子如表 1-12 所示。

表 1-12：指定運算子

運算子	說明	範例	運算子類別
=	基本指定	a=b	雙元
+=	加法指定	a+=b → (相當於)a=a+b	雙元
-=	減法指定	a- =b → a=a-b	雙元
*=	乘法指定	a*=b → a=a*b	雙元
/=	除法指定	a/=b → a=a/b	雙元
%=	餘數指定	a%=b → a=a%b	雙元
&=	AND 指定	a&=b → a=a&b	雙元
|=	OR 指定	a|=b → a=a|b	雙元
^=	XOR 指定	a^=b → a=a^b	雙元
>>=	算數右移指定	a>>=b → a=a>>b	雙元
<<=	算數左移指定	a<<=b → a=a<<b	雙元
>>>=	邏輯右移指定	a>>>=b → a=a>>>b	雙元

♦ 指定運算子範例

```
01   int a = 2;
02   a = a * 2 - 3;  // 先乘除後加減
```

答案：a = 1

```
01   int a = 2;
02   a *= 2 - 3;  // 會先做 2 - 3
```

答案：a = -2

指定運算子（=）常常會與關係運算子（==）混淆，例如：欲判斷 a 是否等於 b 時，常常將 if (a==b) 會寫成錯誤的 if(a=b)，看似一樣其實不然。「除非 a 與 b 都是 boolean 的資料型別」，所以在考試或撰寫程式時要多加留意。

1-9-7　三元運算子

三元運算子（Ternary Operator）概念和一般 if-else 條件敘述（請參考第 2 章：
Java 流程控制）差不多，其表示方法如下：

```
X = ( 布林 (boolean) 運算式 ) ? true-value : false-value
```

運算式是表示當括號 " (boolean exp) " 中的回傳值為 true 時，會進行冒號 " : " 左
邊的敘述（true-value），反之進行冒號右邊的敘述（false-value）給 **X**，問號 " **?** "
則表示 if 的判斷。

🐯 三元運算子（Ternary Operator）範例程式

```
01    String s = "";
02    int i = 0;
03    int j = 1;
04    s = (i<j) ? " 正確 " : " 錯誤 ";
05    System.out.println("s=" + s);
```

執行結果：s = " 正確 "

1-9-8　運算子（＋）與 String 的關係

在「1-9-3 算數運算子」曾經介紹加法運算子（＋）可將資料透過數學運算式相加，
例如：1+1=2。但如果是二個字串相加的時候呢？

在程式中字串相加的動作是很常見的，所以在 Java 語言中也將字串相加的用法納
入加號（＋）運算子中。雖然違背了數學運算的基本定義，但可以幫助程式設計師
在設計時能更加直覺，因而成就了 String 相加（＋）運算子。

同一種符號（＋）擁有二種不同運算方式，就是覆載（overloading），作用於運算
子上就稱為運算子覆載（operator overloading）。有關覆載的說明在「第 3 章：
Java 物件導向」會詳細談到。

⚜ String 相加（＋）運算子範例程式

```
01   String s1 = "Java";
02   String s2 = "SCJP";
03   int i = 1;
04   int j = 2;
05   System.out.println(i+j);      // 3
06   System.out.println(s1+j);     // Java2
```

程式第 5 行因為 i 與 j 皆為數字型態，所以此時加號（＋）會執行數學運算式相加（＋）運算子，之後會在螢幕上印出 3（而不是 12）。

第 6 行執行 s1 與 j 相加前，編譯器發現其中一個變數為 String 資料型態，會自動將加號（＋）覆載（overloading）成 String 相加（＋）運算子，也因此數字型態的 j 變數會被自動轉型成 String（String.valueOf(j)），以便進行 String 相加，之後在螢幕上印出 " Java2 " 的字樣。

⬤ 先字串連結還是數學運算？

使用 ＋ 運算子時，若有字串連結與算術一併運算時，只要遵守一個原則：由左至右運算，例如：

```
System.out.println("Java " + 2 + 5);
```

執行結果：Java25

由左至右運算先運算 "Java " + 2 變成 "Java 2" 之後再運算 "Java 2" + 5，故執行結果：Java25。

```
System.out.println("Java " + (2 + 5));
```

執行結果：Java 7

小括號先算所以 (2+5) = 7。再由左至右運算 "Java " + 7，故執行結果：Java 7。

```
System.out.println(2 + 5 + " Java");
```

執行結果：7 Java

由左至右運算先算 2+5 變成 7 之後再運算 7 + " Java"，故執行結果：7 Java。

1-9-9 Java 運算子的優先順序

Java 運算子本身也有自己的運算優先順序，首先舉一個簡單的例子：

```
x = 1 + 2 * 3
```

得出的 x 值為 7，而不是 9。這是因為先乘除後加減的關係。

若將題目改成：

```
x = 5 * 3 < 20 & 3 + 7 > 9 - 1 || 20 >= 20 - 30 && false
```

要如何計算呢？

想解出這一題，必須了解在 Java 語言中不同運算子間的運算優先順序（優先權值越小表示越先被運算，若碰到相同的優先權值則看原運算式先碰到誰，誰就先做），如表 1-13 所示。

表 1-13：運算子的優先順序

優先權值	運算子
1	() 括號
2	正（+）負（-）號、++、--
3	*、/、%
4	加號（+）、減號（-）
5	>>、<<、>>>
6	<、>、<=、>=、instanceof
7	!=、==
8	&
9	^
10	|
11	&&
12	||
13	? :
14	=、+=、-=、*=、/=、<<=、>>=、>>>=

因此既然已經知道 Java 運算子的優先順序，就不難解析本題：

```
x = 5 * 3 < 20 & 3 + 7 > 9 - 1 || 20 >= 20 - 30 && false
```

解析：

```
x = 5 * 3 < 20 & 3 + 7 > 9 - 1 || 20 >= 20 - 30 && false
先算 5*3、3+7、9-1、20-30 的結果
= 15 < 20 & 10 > 8 || 20 >= -10 && false
再算 15 < 20、10 > 8、20 >= -10 的結果
= true & true || true && false
再算 true & true 的結果
= true || true && false
再算 true && false 的結果
= true || false
最後 x = true
```

解答：x = true

1-10 Pass by value 傳值

Java 中參數指派都是傳遞目前 primitive type 的內容值或 reference type 的參照值,其實就是傳遞記憶體中 stack 的內容值。因此,這樣的方式稱之為 pass by value。

【 Pass by value 範例一 】

```
int i = 10;
int k = i;
```

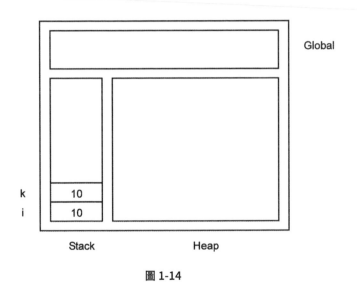

圖 1-14

int k = i; 就是利用 pass by value 將 i 變數的 stack 的內容值 10 指派給 k 變數,因此 k = 10。

【 Pass by value 範例二 】

```
...
public static void main(String[] args) {
    String[] obj = {"Java", "SCJP 5.0"};
    aMethod(obj);
}
public static void aMethod(String[] o) {
    // block of code
    System.out.println(o);
}
...
```

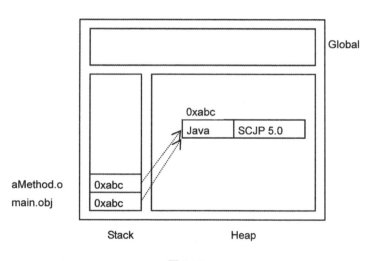

圖 1-15

根據 pass by value，當呼叫 aMethod(obj) 時，表示將 obj 物件變數的 stack 的內容值 " 0xabc " 傳給 aMethod() 方法參數列中的 o 物件變數，因此 aMethod() 方法中的區域物件變數 o 的 stack 內容值就成爲 0xabc，所以 aMethod() 方法的 o 物件變數與 main() 方法的 obj 物件變數所維護的將是同一個 String[]。

1-11 ▸ JAR file 的應用

JAR（Java Archive）就是負責管理 Java classes 檔案的壓縮工具，將多個不同 package 下的多個 java classes 壓縮成一個 .jar 檔，以便於攜帶與部署。JAR 文件格式是以 ZIP 文件格式為基礎，在 \bin 目錄下提供了 jar.exe 工具來負責包裝與壓製。

🔘 META-INF 目錄

大多數 JAR 文件包含一個 META-INF 目錄，它用於說明部署時的相關數據與信息，如安全性和版本信息。JavaSE 平台識別並解釋 META-INF 目錄中的下述文件和目錄，以便部署與配置應用程式：

```
MANIFEST.MF ：清單檔
INDEX.LIST ：索引資訊檔
xxx.SF ：JAR 文件的簽名文件，xxx 表示簽名者。
xxx.DSA ：與簽名文件相關聯的簽名程序塊文件，它儲存了用於簽名 JAR 文件的公共簽名。
```

MANIFEST.MF - 這個 manifest 文件定義了以下常用的設定值：

Manifest-Version: 1.0	Manifest 的版本
Ant-Version: Apache Ant 1.6.1	Ant 的版本
Created-By: Vincent	創始人
Main-Class: com.MyForm	主程式
Class-Path:	類別路徑

常見的 jar 工具用法、功能及命令，請參考表 1-14 或利用 jar /help 來取得。

表 1-14

-c	建立新的歸檔（歸檔指的就是 jar 檔）
-t	列出歸檔的目錄
-x file	從歸檔擷取以 file 命名的（或全部）檔案
-u	更新現有的歸檔
-v	在標準輸出中產生 verbose 輸出
-f	指定歸檔檔名
-m	包含來自指定 manifest 檔案的顯示資訊
-0	不使用 ZIP 壓縮
-M	不建立項目的 manifest 檔案
-i	為指定的 jar 檔產生索引資訊
-C	變更為指定的目錄並包含下列檔案

【範例一】

若要將二個類別檔案保存在名稱為 classes.jar 的歸檔中：

```
jar cvf classes.jar Foo.class Bar.class
```

或

```
jar -cvf classes.jar Foo.class Bar.class
```

皆可。

【範例二】

使用現有的 manifest 檔案 'mymanifest'，並將 foo/ 目錄中所有的檔案保存在 'classes.jar' 內：

```
jar -cvfm classes.jar mymanifest -C foo/ .
```

上述範例 1 與範例 2 是 jar /help 的預設基本範例。

【範例三】

MemberForm.java 經過 javac 編譯之後，將所產生的 class 包裝成一個可以執行的 jar 檔。

MANIFEST.MF 檔案內容如下：

```
Manifest-Version: 1.0
Ant-Version:
Created-By: Vincent
Main-Class: event.MemberForm（含 package）
Class-Path:
```

```
執行指令 > jar  -cvfm  MemberForm.jar  MANIFEST.MF  event/*.*
```

歸檔之後 MemberForm.jar 的內容如圖 1-16。

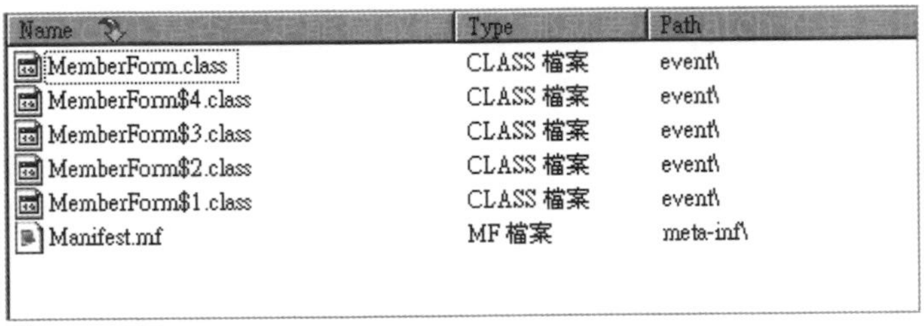

Name	Type	Path
MemberForm.class	CLASS 檔案	event\
MemberForm$4.class	CLASS 檔案	event\
MemberForm$3.class	CLASS 檔案	event\
MemberForm$2.class	CLASS 檔案	event\
MemberForm$1.class	CLASS 檔案	event\
Manifest.mf	MF 檔案	meta-inf\

圖 1-16

執行 MemberForm.jar 的結果，如圖 1-17。

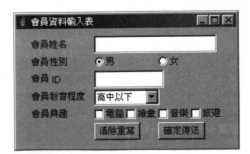

圖 1-17

Scanner 是 JavaSE 5.0（JDK 1.5）所提供的簡單輸入輸出，方便開發人員簡易開發人機互動與資料分析作業。

Scanner 使用

使用 java.util.Scanner 取得輸入：

宣告方式：

```
import java.util.Scanner;
Scanner scanner = new Scanner(System.in);
```

使用各種 nextXXX() 方法（Method）取得各種型態的資料：

- nextInt() 可將使用者輸入轉換為 int 型態

- next() 可取得 String 型態的輸入

- nextDouble() 可取得 double 型態的輸入

- nextBoolean 可取得 boolean 型態的輸入

例如：

```
Scanner scanner = new Scanner(System.in);
System.out.println(" 請輸入整數 : ");
int x = scanner.nextInt();
System.out.println(" 請輸入字串 : ");
String y = scanner.next();
System.out.println(" 請輸入浮點數 : ");
double z = scanner.nextDouble();
```

如果 Scanner 無法將使用者的輸入轉換為指定的資料型態，則程式就會發生 java.util.InputMismatchException 錯誤。

取得一列資料 nextLine()：

```
Scanner scanner = new Scanner(System.in);
System.out.println(" 請輸入一串資料 : ");
String line = scanner.nextLine(); // 資料將取到有斷行符號 (enter 鍵 ) 爲止。
```

Scanner 取得輸入會依據空白字元、空白鍵、Tab，傳回下一個輸入。

```
Scanner scanner = new Scanner(System.in);
System.out.println(" 請輸入三個數字 ( 以空白隔開 )：");
int x = scanner.nextInt();
String y = scanner.next();
double z = scanner.nextDouble();
System.out.println(" 您輸入第一個是數字爲：" + x );
System.out.println(" 您輸入第二個是字串爲：" + y);
System.out.println(" 您輸入第三個是浮點數爲：" + z );
```

執行結果：

請輸入三個數字 (以空白隔開)：

100 Java 3.14 ← 使用者輸入

您輸入第一個是數字爲：100

您輸入第二個是字串爲：Java

您輸入第三個是浮點數爲：3.14

利用 Scanner 分析一串資料：

```
Scanner scanner = new Scanner(" 身高 170 體重 60.5 此人的 BMI 資料是 : ");
String hString = scanner.next();  // 得到「 身高 」
int h = scanner.nextInt();  // 得到「 170 」
String wString = scanner.next();  // 得到「 體重 」
double w = scanner.nextDouble();  // 得到「 60.5 」
String end = scanner.nextLine();  // 得到「 此人的 BMI 資料是 : 」
// 計算 bmi
double bmi = w / Math.pow(h/100.0, 2); // 注意：因爲 h 是整數所以要除以 100.0
System.out.printf("%s %d %s %.1f %s %.2f\n", hString, h, wString, w, end, bmi);
```

執行結果：

身高 170 體重 60.5 此人的 BMI 資料是：20.93

Chapter 2
Java 流程控制

第三部分

Java 在程式流程控制（flow control）上採用了 C 語言的控制敘述，包含 if-else、switch-case、for-loop、for/in（for-each）、while-loop、do-while 以 及 try-catch-finally 例外流程控制，但不支援直接跳躍式（direct jump）的敘述，如 goto。儘管如此，仍可以藉由 break、continue 等關鍵字做到類似直接跳躍的效果，如表 2-1。有關例外控制（Exception）將於第 4 章詳加論述。

表 2-1：流程控制關鍵字

流程控制（flow control）	關鍵字（keyword）
條件式流程控制（Decision Making）	if-else、switch-case
迴圈式流程控制（Loop）	for、while、do-while、for-each
例外控制（Exception）	try-catch-finally、throw
特定控制單元（Special Loop）	break、continue、label

NOTE

標籤 label 為流程控制記號，其本身並不能改變程式流程的執行順序。

2-1 ▶ if-else 流程敍述

我們可以利用 if-else 流程敍述中的布林運算式，來判斷驗證出經過運算子（一般是指關係運算子和邏輯運算子）運算時條件是否成立（例如：A>B，A 是否大於 B）。if-else 流程敍述在條件成立的情況，會傳回布林值 true 並執行 if 下的程式區塊 (program statement or block)，反之則傳回 false 並執行 else 下的程式區塊。if-else 流程敍述的運算流程如圖 2-1。

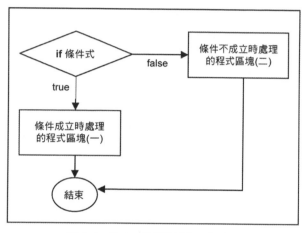

圖 2-1：if-else 流程敍述的運算流程

2-1-1　if-else 一般流程敍述

基本版型流程控制樣板（一般流程敍述）：

```
01    if( 布林運算式 boolean-expression) {
02       //if 成立的程式區塊 (statement or a block of statements)。
03    }
04    else {
05       //else 成立的程式區塊
06    }
```

程式第 1 行 if（布林運算式 boolean-expression）判斷式運算後將回傳布林值
（true 或 false）。第 2 行是布林運算式傳回 true 時所執行的程式區塊。第 4 行
else 代表布林運算式傳回 false，第 5 行是布林運算式傳回 false 時所執行的程式
區塊。

那麼，在 if() 判斷句中能不能使用 "=" 賦值（指派）運算子呢？

```
01    int a = 0;
02    if(a=0){              // 不合法，因為 a 是 int 不是布林值
03    }
04
05    boolean b = true;
06    if(b = false) {       // 合法，因為 b 是布林值，該 if 判斷式會返回 false
07    }
```

NOTE

布林運算式 boolean-expression 只傳回 true 或 false 而不是 0 與 1。

2-1-2 if–else 精簡式流程敍述

精簡式流程控制樣板：若 if 及 else 的程式執行區塊只有一行，則 Begin" { " 與 End
" } " 符號可以不加。

```
if( 布林運算式  boolean-expression)
…//if 成立的程式區塊
else
…//else 成立的程式區塊
或
if( 布林運算式  boolean-expression) …  //if 成立的程式區塊
else …  //else 成立的程式區塊
```

錯誤的撰寫方式：

```
01   int a = 1;
02   if(a > 0)
03   System.out.println("A");
04   System.out.println("B");   // 多撰寫了此行
05   else
06   System.out.println("C");
07   System.out.println("D");
```

程式碼編譯後將產生錯誤，因為第 4 行程式碼多寫了，但第 7 行是合法的，因為
該行並不屬於 if-else 的程式執行區塊。

2-1-3 if-else 階層式流程控制樣板

階層式流程控制樣板：利用 else if 運算式進行階層式流程控制。

```
if( 布林運算式 boolean-expression)
    …//if 條件成立所執行的程式區塊
else if( 布林運算式 boolean-expression)
        …//else if 條件成立所執行的程式區塊
else if( 布林運算式 boolean-expression)
        …//else if 條件成立所執行的程式區塊
else if( 布林運算式 boolean-expression)
        …//else if 條件成立所執行的程式區塊
    else
        …//else 條件成立所執行的程式區塊
```

2-2 swtich-case 選擇性流程敘述（selection statement）

if-else 流程控制其實在程式執行中是很費時的，尤其是 else if，想想看若以下列
if-else 流程控制敘述來說：

```
if(x==0)
    …//if 條件成立所執行的程式區塊。
else if(x==1)
        …//else if 條件成立所執行的程式區塊。
else if(x==2)
        …//else if 條件成立所執行的程式區塊。
else if(x==3)
          …//else if 條件成立所執行的程式區塊。
      else
          …//else 條件成立所執行的程式區塊。
```

巢狀式敘述其實是符合邏輯的，但卻浪費許多執行的時間，尤其是當外層又包了
Loop 迴圈。這時我們可以利用 switch-case，也就是所謂的選擇性流程敘述來做
控制。

2-2-1 switch-case 基本版型一般流程敘述

```
switch (expression：x) {
    case 1 : // 比對子
             // 符合 case 1 的程式區塊 (statement or a block of statements)。
             // break; 跳出 switch-case 敘述流程
    case 2 : // 比對子
             // 符合 case2 的程式區塊
             // break;
    case 3 : // 比對子
             // 符合 case 3 的程式區塊
             // break;
    default :
             // 皆不符合的情況下的程式區塊
             // break;
}
```

switch-case 選擇式流程敘述屬於多重條件判斷敘述（又可稱為直接跳躍式的流程敘述）。

switch(x) 中的 x 代表一個運算過後的值（必須是 char、byte、short、int、Wrapper、Enumerated Type 與 String），它將會跟每個 **case**（標示記號）逐一比對（原則：轉換成 int 後進行比對），當 x 值與 case 標示記號值相同時便執行相應的程式區塊。執行完畢後若不需要繼續比對其他 **case** 條件，可用 **break**（中斷）來跳出 switch-case 流程控制，程式將不會繼續執行其他 **case** 下的程式區塊。

default 代表無任何 **case** 符合 **switch** 要求的條件時所執行的程式區塊，有點類似 if-else 敘述流程中的 else 功能（default 在 switch-case 選擇式流程敘述中可以不納入）。

> **NOTE**
>
> Java 7 開始讓 switch-case 支援 String 比對。

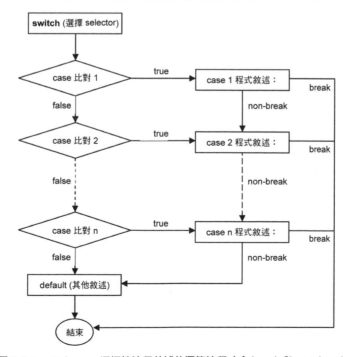

圖 2-2：switch-case 選擇性流程敘述的運算流程（含 break 與 non-break）

switch 的比對是利用 int 值來相互比較：

```
01   char c = 'A';
02   final int a = 5; // final 變數
03   switch(c) {
04       case 1:
05           System.out.println("A");
06           break;
07       case '1':
08           System.out.println("B");
09           break;
10       case 'A':
11           System.out.println("C");
12           break;
13       case '中':
14           System.out.println("D");
15           break;
16       case a:
17           System.out.println("E");
18           break;
19   }
```

執行結果會印出：C

我們將上述程式碼進行 JAD（說明見 NOTE）反組譯之後可以發現：

```
01   switch(byte0)
02       {
03       case 1: // '\001'
04           System.out.println("A");
05           break;
06       case 49: // 原來的 '1' 變成 ASCII 的 49
07           System.out.println("B");
08           break;
09       case 65: // 原來的 'A' 變成 ASCII 的 65
10           System.out.println("C");
11           break;
12       case 20013: // 原來的 '中' 變成該 Unicode 的十進位值
13           System.out.println("D");
14           break;
```

```
15          case 5: // final 變數 a 的內容被 hard-coded 在程式碼中
16              System.out.println("E");
17              break;
18          }
```

 NOTE JAD 就是 JAva Decompiler 的縮寫，透過反組譯工程，可以將 class 還原成程式設計師看得懂的 java 原始檔。只要 class 檔沒有被混淆應該都能看得懂，一旦被混淆過的 class 檔，即使能反組譯也很難看懂。

透過 JAD 為核心所發展的工具有：Gel（可開發 java 程式）與 DJ Java Decompiler…等。

2-2-2 switch-case 與 String

Java 7 開始在 switch-case 的比對子中支援 String：

```
01  package book.java7.chapter2;
02
03  public class SwitchWithString {
04
05      public static void main(String[] args) {
06          String name = "Mary";
07          switch (name) {
08              case "Mary":
09                  System.out.println("My name is Mary");
10                  break;
11              case "John":
12                  System.out.println("My name is John");
13                  break;
14          }
15
16      }
17  }
```

執行結果：My name is Mary

實際執行比對原理仍是透過 int 比對也就是透過 .hashCode() 來達成，當然單僅使用 .hashCode() 來判斷會也有風險，因爲不同字串字面值不保證其 hashCode 值也會不同，Java 7 的解決方法是各別在 case 比對內多加入 .equals() 的判斷，並將其判斷賦值給 byte0 變數做二次 switch，讓我們來反組譯此程式就可以知道的比對邏輯了。反組譯 SwitchWithString.class：

```
01    package book.java7.chapter2;
02
03    import java.io.PrintStream;
04
05    public class SwitchWithString {
06
07        public SwitchWithString()
08        {
09        }
10
11        public static void main(String args[]) {
12            String name = "Mary";
13            String s = name;
14            byte byte0 = -1;
15            switch(s.hashCode()) {
16                case 2390779:
17                    if(s.equals("Mary"))
18                        byte0 = 0;
19                    break;
20                case 2314539:
21                    if(s.equals("John"))
22                        byte0 = 1;
23                    break;
24            }
25            switch(byte0) {
26                case 0: // '\0'
27                    System.out.println("My name is Mary");
28                    break;
29                case 1: // '\001'
30                    System.out.println("My name is John");
31                    break;
32            }
33        }
34    }
```

由上述反組譯我可以清楚的知道會進行二段式 switch-case 比對，先比對字串 hashCode 再比對 byte0，比對原理仍是透過 int 進行比對。

2-2-3 switch-case 與 final 變數

在 switch-case 的比對子中，若是變數則只能放入 final 變數，final 是 java 的關鍵字，可以用來修飾類別、方法與變數。

♔ final 類別

經過 final 修飾的類別不可以「被」繼承，因爲該類別所建立的物件已經是最後的類別。

♔ final 方法

子類別不能覆寫父類別中經 final 修飾且子類別可呼叫的方法。什麼情況下子類別可撰寫與父類別中經 fianl 修飾的同名方法呢？請看以下二個範例程式：

【範例程式一】

```
01   package book.java7.chapter2;
02
03   class Father {
04       private final void aMethod(){
05           System.out.println(" 呼叫父類別的 aMethod ！ ");
06       }
07   }
08
09   public class Son extends Father {
10       void aMethod(){
11           System.out.println(" 呼叫子類別的 aMethod ！ ");
12       }
13   }
```

程式第 3～7 行是父類別 Father 的程式區塊，第 9～13 行是子類別 Son 的程式區塊。第 2 行的 **private** 修飾字宣告 aMethod() 爲父類別私有的方法，子類別是看不見也無法呼叫的，所以當子類別撰寫一個與父類別 aMethod() 同名的方法時，並不構成覆寫，而且實際上子類別 Son 的 aMethod() 與父類別 Father 的 aMethod() 是沒有任何關係的。

【範例程式二】

```
01   package taipei;
02   public class Father {
03       final void aMethod(){
04           System.out.println(" 呼叫父類別的 amethod ！");
05       }
06   }
```

```
01   package kaohsiung;
02   public class Son extends taipei.Father  {
03       void aMethod(){
04           System.out.println(" 呼叫子類別的 amethod ！");
05       }
06   }
```

第一段程式是在 package taipei; 下父類別 Father 的程式區塊，第二段程式是在 package kaohsiung; 下子類別 Son 的程式區塊。

父類別 Father 的 aMethod() 方法存取修飾字是 default / package（無修飾字），所以同一個 package 的 class 才可存取，對不同 package kaohsiung; 下的子類別 Son 而言是看不見也無法呼叫的，所以當子類別撰寫一個與父類別 aMethod() 同名的方法時，並不構成覆寫，而且實際上子類別 Son 的 aMethod() 與父類別 Father 的 aMethod() 也沒有任何關係。

@Override 幫幫忙

透過 @Override Annotation 可在程式開發階段就明確知道是否會覆寫成功！

```java
1   package book.java7.chapter2;
2
3   class Father {
4       private final void aMethod(){
5           System.out.println("呼叫父類別的 aMethod！");
6       }
7   }
8
9   public class Son extends Father {
10      @Override
11      void aMethod(){
12          System.out.println("呼叫子類別的 aMethod！");
13      }
14  }
```

利用 Annotation 讓程式開發階段更能夠清楚與便利。

🔷 final 變數（屬性）

經過 final 修飾的變數，在初始定義之後就不可以「被」更改。

2-2-4　break（中斷）與 switch-case 選擇性流程敘述

由前例得知，break 可以中斷 switch-case 的流程，當然也可以在程式需要或條件比對等邏輯設計時，將 break 安插在適當的位置，增加程式執行效率與彈性。

【 switch-case 程式樣板－ break（一）】

```
switch (x) {
    case 1 :
        // 符合 case 1 的程式區塊
    case 2 :
        // 符合 case 2 的程式區塊
        // break;
    case 3 :
        // 符合 case 3 的程式區塊
        // break;
```

```
    default :
        // 皆不符合的情況下的程式區塊
}
```

在上面的程式段落中,當 x=1 時執行 case 1 的程式區塊後,還會執行 case 2 程式區塊,因為在 case 1 程式區塊中並沒有 break 命令讓程式跳出 switch-case 敘述,所以程式會在不比對 case 2 的情況下直接執行 case 2 程式區塊,直到在該程式區塊中遇到 break 關鍵字為止。因此,善用 break 關鍵字可提高程式的彈性。

 NOTE 為何需要 break 關鍵字?因為在 switch-case 流程敘述中,case 這個關鍵字只是標示記號而非可執行的敘述,因此它不能改變 switch-case 正在執行的流程,必須藉由 break 關鍵字來協助使之改變目前的流程。

當比對條件不同卻執行相同的程式碼時,可用下列的 switch-case 流程敘述來完成:

【switch-case 程式樣板一 break(二)】

```
switch (x) {
    case 1 :
    case 2 :
        // 符合 case 1 或 case2 的程式區塊
        // break;
    case 3 :
        // 符合 case 3 的程式區塊
        // break;
    default :
        // 皆不符合的情況下的程式區塊
}
```

在上例中,無論比對的結果是 1 或 2,case1 與 case2 均可執行相同的程式碼。

NOTE switch(x)：x 必須是 byte、char、short、int 或 String。然而在值域小於 int 的資料型別中，例如：byte、char、short，會自動做隱含式轉換成 int 資料格式後再交由 switch-case 執行。也就是說，x 只能是 int 或比 int 小 的資料型態，若是 long 或 double 等範圍比 int 大的資料型態，就必須用 強制轉換語法將其轉換成 int。

1. switch(expression) 中只能存放一個參數（argument）。

2. default 關鍵字可單獨存在於 switch-case 敘述中。

3. 若 switch-case 程式敘述中沒有比對出相符合的 case，也沒有 default 關鍵字，則 switch-case 敘述將不會做任何事（does nothing）。

4. 在 switch-case 敘述中，case 的比對子不可重複（must be unique），每一個 case 的比對子必須是唯一的。

5. default 關鍵字在 switch-case 敘述中最多只能有一個。

2-3 ▶ for-loop 迴圈敘述

for-loop、while-loop、do-while 與 for-each 皆屬於重複性控制迴圈（iteration loop），其所包含的程式區塊將會被反覆執行，直到負責控制迴圈運算式（布林運算式）的條件不被滿足（傳回 false）為止。每當執行重複性控制迴圈的程式區塊時，負責控制迴圈的運算式也將再被判斷一次。

for-loop 是一種以步進 (step by step) 方式所進行的控制，其負責控制迴圈的運算式包含 initialization、boolean-expression 與 stepping 共三個部分。

2-3-1 for-loop 一般流程敘述

for-loop 迴圈的基本版型如下：

```
for(initialization ; boolean-expression ; stepping) {
  // 程式執行區塊 statement
}
```

程式第 1 行：

1. initialization（初始計數）：負責 for-loop 初始化的動作。

2. boolean-expression：負責運算布林條件式，並掌握迴圈的進行。

3. stepping（步進敘述）：當一個步驟（程式區塊）完成之後所要進行的動作，step 運算通常指的是計數值的增加或減少。

這三部分可以是空白的，它們分別以分號（;）相隔且撰寫順序是固定的。程式第 2~3 行為 for-loop 程式執行區塊。

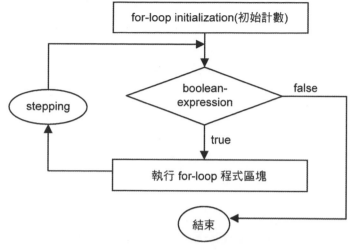

for-loop initialization(初始計數)

boolean-expression

stepping

false

true

執行 for-loop 程式區塊

結束

圖 2-3：for-loop 流程敘述的運算流程

2-3-2　for-loop nested 流程敘述

所謂巢狀 for-loop 表示一個 for-loop 結構中包含一個或多個 for-loop 結構，並且可因實際需要不斷地遞迴下去。以下以九九乘法表為例說明巢狀 for-loop 流程。

【for- loop nested 巢狀流程敘述（九九乘法表）】

```
01    package book.java7.chapter2;
02
03    public class MultiplicationTable {
04        public static void main(String[] args) {
05            for(int i=1;i<=9;i++){
06                for(int j=1;j<=9;j++){
07                    System.out.print(i + "*" + j + "=" + i * j + "\t");
08                }
09                System.out.println();
10            }
11        }
12    }
```

執行結果：

1*1=1	1*2=2	1*3=3	1*4=4	1*5=5	1*6=6	1*7=7	1*8=8	1*9=9
2*1=2	2*2=4	2*3=6	2*4=8	2*5=10	2*6=12	2*7=14	2*8=16	2*9=18
3*1=3	3*2=6	3*3=9	3*4=12	3*5=15	3*6=18	3*7=21	3*8=24	3*9=27
4*1=4	4*2=8	4*3=12	4*4=16	4*5=20	4*6=24	4*7=28	4*8=32	4*9=36
5*1=5	5*2=10	5*3=15	5*4=20	5*5=25	5*6=30	5*7=35	5*8=40	5*9=45
6*1=6	6*2=12	6*3=18	6*4=24	6*5=30	6*6=36	6*7=42	6*8=48	6*9=54
7*1=7	7*2=14	7*3=21	7*4=28	7*5=35	7*6=42	7*7=49	7*8=56	7*9=63
8*1=8	8*2=16	8*3=24	8*4=32	8*5=40	8*6=48	8*7=56	8*8=64	8*9=72
9*1=9	9*2=18	9*3=27	9*4=36	9*5=45	9*6=54	9*7=63	9*8=72	9*9=81

程式第 5 行是第一個 for-loop，從 i=1 開始並判斷當 i 小於或等於 9 的時候執行範圍裡（第 5~10 行）的動作，每做完一次 i 就加 1。第 6 行第二個 for-loop，從 j=1 開始並判斷當 j 小於或等於 9 的時候執行範圍裡（第 4~6 行）的動作，每做完一次 j 就加 1。第 7 行依據 i 及 j 變數的變動列出九九乘法表相對應乘積。

2-3-3　for-loop 敘述與 break 與 continue 關鍵字

在 for-loop 的結構中可以使用 break **跳出迴圈**，或使用 continue 立即執行下一個**步進敘述**。善用 break 與 continue 關鍵字可讓程式在邏輯迴圈結構中更有彈性。break 表示強制跳離 for-loop。continue 表示強制直接執行下一個步進敘述（stepping）。

for-loop 迴圈中 break 與 continue 關鍵字的應用：

```
01   package book.java7.chapter2;
02
03   public class SwitchBreakAndContinue {
04       public static void main(String[] args) {
05           for(int i=1;i<=10;i++) {
06               if (i==8) {
07                   break;
08               }
09               if (i%3==0) {
10                   continue;
11               }
12               System.out.print (i + "\t");
13           }
```

| 14 | } |
| 15 | } |

執行結果：

```
1    2    4    5    7
```

程式第 5 行是一個 for-loop，從 i=1 開始並判斷當 i 小於或等於 10 的時候做，每做完一次 i 就加 1，其程式執行範圍從第 3 行到第 11 行。第 6 行用 if-else 判斷 i 變數是否等於 8。若 i 等於 8 則執行 break（第 5 行）中斷並跳出迴圈，也就是直接執行第 13 行。第 9 行用 if-else 判斷變數 i 除以 3 的餘數是否爲 0（也就是整除的意思）。第 10 行 continue 表示以下程式碼將忽略不做，並執行下一個步進敘述（**stepping**），也就是直接回到第 3 行執行 i++ 的步進區段。若第 6 行及第 9 行的 if-else 判斷句皆傳回 false，則會執行第 12 行並將 i 值在螢幕上印出。

2-3-4　爲迴圈命名：label

label 代表的是迴圈的標示記號，撰寫 Java 程式時可利用 label 指向相對應的迴圈，定義標示名稱有以下二種方式：

1.　label_name：迴圈敘述 …

2.　label_name：
　　迴圈敘述 …

在定義的標籤名稱（label_name）後面請務必記得加上冒號（：），之後才是接迴圈的敘述句。

for-loop 與 label 基本版型如下：

```
01   OuterLoop：  // 標籤名稱（迴圈的名字）◄·········
02   for(  ;  ;  ) {  //外層迴圈
03       InnerLoop：
04       for(  ;  ;  ) {  // 內層迴圈 ◄·······
05   ······break InnerLoop;
06          // 程式區塊 ...
07          continue InnerLoop;··········
08          // 程式區塊 ...
09
10   ┌······break OuterLoop;
11   │       // 程式區塊 ...
12   │       continue OuterLoop;·········
13   │       // 程式區塊 ...
14   ▼     }
15   }
```

程式中第 1、3 行定義標籤名稱 OuterLoop 與 InnerLoop，所指向的迴圈分別是外層迴圈（Outer for-loop）與內層迴圈（Inner for-loop）。第 5 行執行 break InnerLoop 表示直接跳出 InnerLoop 迴圈，且繼續執行 OuterLoop 迴圈未完成的程序。第 7 行執行 continue InnerLoop 表示直接跳到 InnerLoop 迴圈的步進敘述，且繼續執行 InnerLoop 迴圈未完成的程序。

第 10 行執行 break OuterLoop 表示直接中斷並跳出 OuterLoop 迴圈，又因為 InnerLoop 的迴圈被包在 OuterLoop 迴圈內，所以 InnerLoop 的迴圈也將一併中斷。第 12 行 continue OuterLoop 表示直接跳到 OuterLoop 迴圈的步進敘述。

NOTE

雖然 Java 沒有提供 goto 的功能，不過可以利用 break、continue 與 label，在不失邏輯架構下達到 goto 的效果。

🐯 for-loop 與逗號（,）運算子

Java 語言中逗號（,）在 for-loop 迴圈中有著特殊用途，就是用來分隔敘述句，不過只限定在 initialization 與 stepping 區段中。

☻ initialization 中的逗號（,）運算子

【範例一】

```
for(int i=0, j=0 ; boolean-exp ; stepping)
```

正確。在 initialization 區塊中宣告「int i=0, j =0」表示變數 i 與 j 的資料型別皆為 int，這是正確的。

【範例二】

```
for(int i=0, int j=0 ; boolean-exp ; stepping)
```

錯誤。第二個變數不可在 initialization 區塊中自行定義資料型別。

【範例三】

```
for(int i=0, long j=0 ; boolean-exp ; stepping)
```

錯誤。第二個變數不可在 initialization 區塊中自行定義資料型別。

【範例四】

```
long j = 0;
int i =0;
for(i=0, j=0;;);
```

正確。i 與 j 可以在 for-loop 外部自行定義，且資料型別可以不相同。

【範例五】

```
int i;
for(i=0, int j=0 ; boolean-exp ; stepping)
```

錯誤。j 必須在外部定義。

【範例六】

```
String s = null;
int i = 0;
for(i=1,s="a"; boolean-exp;stepping)
```

正確。

🐯 stepping 中的逗號（,）運算子

```
01   for(int i=0, j=0；boolean-expression；i++, j++) {
02   // 程式執行區塊 statement
03   }
```

每當執行步進（stepping）敘述的時候就會執行 i++ 與 j++。

> **NOTE**
> ▪ for-loop 無窮迴圈表示法：for（；；）。
> ▪ for-loop 中的 2 個分號（；）是不能省略的。
> ▪ initialization 與 stepping 敘述若不只一個，可用逗號運算子（,）分開。

2-4 ▶ for/in(for-each) 迴圈敘述

for/in（以下稱 for-each）是 for-loop 的改良版，用於簡化存取集合性物件的元素，例如：陣列（array）或集合（collection）。for-each 在執行的過程會自動往下找下一個元素直到全部擷取完畢爲止，省去在傳統 for-loop 迴圈中對陣列或集合在維度上的控制。

♔ for-each 的語法

```
for（元素資料型別 該元素之區域變數 ： 母體集合）
```

2-4-1 for-loop 與 for-each 之比較

分析 String[]

```
01    String[] exams = {"SCJP", "SCWCD", "SCMAD"};
02    for(int i=0;i<exams.length;i++) {
03        System.out.print(exams[i] + ", ");
04    }
05    System.out.println();
06    for(String ex : exams) {
07        System.out.print(ex + ", ");
08    }
09    System.out.println();
```

執行結果：

```
SCJP, SCWCD, SCMAD,
SCJP, SCWCD, SCMAD,
```

程式第 2~4 行是 for-loop 分析 String[] 時普遍的撰寫方式。在 for-loop 要自行設定好陣列大小（exams.length）和下一個維度位置（i++）。如果使用 for-each 語法就比較直覺（程式第 6~8 行），只要設定陣列元素的內容資料型態爲何，接著就可以透過 for-each 的機制將所有元素擷取出來。而程式第 7 行的 ex 變數可以想成是第 3 行的 exams[i]。

2-4-2　for-each 與多維陣列

利用 for-each 來擷取多維陣列的內容

```
01   String[][] exams = {{"SCJP", "SCWCD", "SCMAD"},
02                        {"MCSD", "MCAD", "MCDBA"}};
03   for(String[] ex : exams) {
04       for(String e : ex) {
05           System.out.print(e + ", ");
06       }
07   }
08   System.out.println();
```

執行結果：

```
SCJP, SCWCD, SCMAD, MCSD, MCAD, MCDBA,
```

for-each 語法可利用巢狀結構來擷取多維陣列的內容值。

2-4-3 label、break 與 continue

for-each 語法中同樣可以用 label、break 與 continue 的語法。

```
01  String[][] exams = {{"SCJP", "SCWCD", "SCMAD"},
02                      {"MCSD", "MCAD", "MCDBA"}};
03  A:
04  for(String[] ex : exams) {
05      B:
06       for(String e : ex) {
07          System.out.print(e + ", ");
08          continue A;
09      }
10      break;
12  }
13  System.out.println();
```

執行結果：

```
SCJP, MCSD,
```

試一試！看看是否能推理得出來？

break 表示強制跳離 for-each。continue 表示強制執行下一輪 for-each 判斷（for-each 會自行判斷是否要往下執行）。

while-loop 是重複與反覆的意思,在程式中當條件為 true 即不斷反覆執行的迴圈,直到控制項傳回 false 為止。

2-5-1 while-loop 一般流程敘述

while-loop 基本版型如下:

```
01    while(boolean-expression) {
02      // 程式執行區塊 statement
03    }
```

程式第 1 行執行 while-loop 布林判斷式,當傳回值為 true 的時候才會執行 while-loop 迴圈的程式主體,於每一次(含第一次)while-loop 執行前先判斷,反之則跳出迴圈。

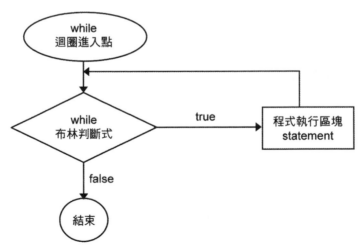

圖 2-4:while-loop 流程敘述的運算流程

2-5-2 break 與 continue 關鍵字

while-loop 中 break 與 continue 關鍵字的應用與 for-loop 相同，可以用來控制 while-loop 的流程。

while-loop 迴圈中 break 與 continue 關鍵字的應用：

```
01   while(boolean-expression){  ◀┄┄┄┄┄┄┄┄┄┄┐
02   // 程式執行區塊 statement                  ┆
03   ┄┄┄ break;      // 強制跳離 while-loop    ┆
04      // 程式執行區塊 statement                ┆
05      continue;   // 直接執行下一個 while 判斷 ┄┘
06   ▼  // 程式執行區塊 statement
07   }
```

break 表示強制跳離 while-loop。continue 表示強制執行下一個 while 布林判斷。

NOTE

while-loop 無窮迴圈表示法：while(true)。

第二部分

1
2
3
4
5

do-while 迴圈敍述

do-while-loop 與 while-loop 迴圈的差別在於，while-loop 會在執行 while 程式區塊（block of code or statement）前先判斷布林條件是否成立，當回傳值為 true 的時候才執行 while 程式區塊，反之則否；do-while-loop 迴圈則是先執行程式區塊後才判定 while 布林條件，以決定是否要執行下一次的 while 程式區塊。

因此，利用 do-while-loop 來撰寫迴圈敍述時，不管其布林條件是否成立，**至少會執行一次** while 程式區塊。

2-6-1　do-while-loop 一般流程敍述

do-while-loop 基本版型如下：

```
01    do {
02      // 程式執行區塊 statement
03    } while(boolean-expression)；← 分號 “；” 一定要加！）
```

程式第 1 行先執行 do-while-loop 的程式區塊。第 3 行是 while 布林判斷式，當傳回值為 true 的時候才會再執行 do-while-loop 迴圈的程式主體，反之則跳出迴圈，圖 2-5 是 do-while-loop 流程敍述的運算流程。

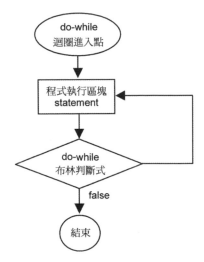

圖 2-5：do-while-loop 流程敍述的運算流程

一個簡單的 do-while-loop 應用

很多人不知道要如何使用 do-while-loop，以及用在哪幾種迴圈邏輯？以下就舉一個簡單的例子：" 猜猜我的年齡 "

```java
01  package book.java7.chapter2;
02
03  import java.util.Scanner;
04
05  public class GuessMyAge {
06      public static void main(String[] args) {
07          int answerOfAge = 18;
08          Scanner scanner = new Scanner(System.in);
09          System.out.println(" 請猜我的年齡 ?");
10          do {
11              System.out.println(" 請輸入一個數字 ");
12              int guessOfAge = scanner.nextInt();
13              if(guessOfAge == answerOfAge) {
14                  System.out.println(" 恭喜你答對了 !");
15                  break;
16              } else if(guessOfAge > answerOfAge) {
17                  System.out.println(" 你猜得太大囉 !");
18              } else {
19                  System.out.println(" 你猜得太小囉 !");
20              }
21          } while(true);
22      }
23  }
```

程式第 8 行宣告 Scanner 並建立 Java 輸入輸出（I/O）物件，System.in 代表輸入裝置是鍵盤（在 Java 中 System.out 代表是輸出其預設裝置是螢幕，System.in 代表是輸入其預設裝置是鍵盤）。

程式第 10~21 行 do-while-loop 迴圈邏輯範圍。程式第 12 行等待使用者輸入一組數字。程式第 13 行判斷使用者所輸入的數字是否與答案相同，若相同則會印出 " 恭喜你答對了 !" 並執行 break 命令跳離迴圈，反之則讓迴圈邏輯繼續進行。程式第 21 行 while(true); 的用意是若沒有猜對就讓 do-while-loop 繼續進行迴圈邏輯。

2-6-2 break 與 continue 關鍵字

do-while-loop 中，break 與 continue 關鍵字的應用與 while-loop 迴圈相同，一樣可以用來控制 do-while-loop 的流程。

do-while-loop 迴圈中 break 與 continue 關鍵字的應用：

```
01  do {
02  // 程式執行區塊 statement
03  break; ┈┈┈┈┈┈┈┈┈┈┈┈┈┈┈┈┈┈┈┈┈┈
04  // 程式執行區塊 statement
05  continue; ┈┈┈┈┈┈┈┈┈┈┈┈┈┈┈┈┈┈
06  // 程式執行區塊 statement  ◀
07  } while(boolean-expression)；
08  ...  ◀
```

do-while-loop 迴圈敍述遇到 continue 關鍵字時，會直接指向 while 布林條件式（第 7 行）而不會指向 do 敍述句（第 1 行），遇 break 即跳出迴圈。break 表示強制跳離 do-while-loop。Continue 則強制執行下一個 do-while 布林判斷。

> **NOTE**　do-while-loop 迴圈敍述不論其布林條件是否成立，至少會執行一次 while 程式區塊（block of code or statement）。
>
> do-while-loop 的 while 布林條件式後面請記得一定要加上分號（;）。

Chapter 3
Java 物件導向

第三部分

「物件導向程式設計」是一種抽象且擬人化的程式設計，與以往熟悉的「程序式程式設計」大不相同，程式設計師所設計的不再是一個個函式，而是一個個將程式抽象化且各自獨立的物件。物件內用來描述資料的稱作屬性（Attribute），用來描述物件內部的行為稱作方法（Method），因此我們可以說，物件是一群相關屬性（資料）與方法（函式）的組合。

物件導向程式（OOP）中，物件（Object）就是某個類別（Class）的實體（Instance）。在 Java 語言中，產生一個物件實體可用 new 這個關鍵字，而所有的類別可透過繼承的關係相互呼叫、引用與傳遞訊息，形成一種彼此繫結且有層次的結構。

Java 物件導向程式語言的 2 個精神與 3 個特徵如下：

2 個精神：

1. 抽象化（Abstraction）：物件抽象化有助於瞭解並實際掌握物件的內容。
2. 繼承（Inheritance）：抽象化是指物件被良好地定義及描述，繼承則是賦予程式能重複使用物件以增加其延展性。

3 個特徵：

1. 繼承（Inheritance）；
2. 封裝（Encapsulation）；
3. 多型（Polymorphism）。

何謂類別？

類別是物件的藍圖，也是物件實體的基礎。類別內部定義了使用者資料型態，如屬性與方法，在 Java 程式語言類別的宣告中引用了 class 這個關鍵字：

```
Java 類別定義的語法
存取修飾字 修飾語 class 類別名稱 {
   // 定義屬性以及方法敘述
}
```

類別的存取修飾字若爲 public，則類別名稱必須與類別檔名相同。例如：類別名稱爲 MyClass，類別存取的檔案命名就必須爲 MyClass.java（注意大小寫）。修飾語可以是 static、abstract 或 final 等型態的指定字，實際定義範例爲：

```
MyClass.java 類別定義
public class MyClass{
    // MyClass 類別的內容包含了屬性以及方法敘述
}
```

一般類別（外部類別）的存取修飾字只能是 public 與 default / package（無修飾字），不過若是內部類別（在類別中再定義一個類別）則可使用 public、protected、default 與 private 來修飾。

物件屬性

屬性是物件的資料，也可以說是變數。宣告物件變數時，不使用 static 來修飾變數，而且變數必須宣告在 class 內，例如：

```
public class MyClass {
    int i = 100;            // 物件變數（不加 static）
    static int k = 200;     // 類別變數
}
```

物件變數由物件各自獨立維護，彼此不受干擾。static 類別變數是屬於類別的變數，但卻可以由該類別所創造（new）出來的物件共享共用，其他類別或其所創造出來的物件只要能看見該類別，在權限充足的情況下仍可以合法使用，有點類似全域變數的概念。

宣告在方法內的變數稱爲區域變數：

```
public class MyClass {
    int i = 100;               // 物件變數
    static int k = 200;        // 類別變數
    void aMethod(String s) {   // s 為 aMethod() 的區域變數
        int j = 10;            // j 為 aMethod() 的區域變數
```

```
        static int z = 20;        // 在方法中不可定義 static 變數
    }     ✗
}                   ┊············· 編譯錯誤
```

物件方法

物件的方法是一種描述類別內部的行為，也是外部存取物件內部資料的方法，因為設計嚴謹的物件通常並不允許外界 " 直接 " 存取其內部的資料或變數，只透過相對應的方法作為介面以供外界存取之用。

宣告物件方法時不使用 static 來修飾方法，而且必須宣告於 class 層級內，例如：

```
public class MyClass {
    void aMethod() {        // aMethod() 為物件方法 ( 不加 static)
    }
    static void bMethod() {    // bMethod() 為類別方法
    }
}
```

不論是物件方法或者是類別方法，方法內不可以再定義其他方法，否則會發生編譯時期的錯誤：

```
void cMethod() {
    void dMethod() {
    } ✗
}              ┊············· 編譯錯誤
```

不論是物件方法或類別方法，相關的實作程式碼都會另外存放在記憶體中，方法內所宣告的區域變數都是由各個物件自行創建並獨立維護且支援 Thread-safe。

如何建立物件實體？

類別內部定義了許多資料型態與宣告，包含宣告類別、內部類別（inner class）、類別（靜態）方法（static method）、物件（實體）方法（instance method）、物件（實體）變數（instance variable）以及類別（靜態）變數（static variable），而依據類別定義宣告創建出來的實體就是物件。宣告及建立物件的語法如下：

```
類別名稱  物件（變數）名稱  =  new  類別名稱();
```

或

```
類別名稱  物件（變數）名稱;
物件（變數）名稱  =  new  類別名稱();
```

由上可知，物件其實就是類別所宣告創建出來的實體，其一連串宣告的動作包含了二個部份：

1. **類別名稱 物件（變數）名稱（假設物件變數＝t）**：宣告一個物件變數 t。
2. **new 類別名稱()**：利用 new 關鍵字在記憶體中擷取一個區塊以配置該物件（初始化物件並執行相對應之建構子）。

new 關鍵字會傳回參考值，以便指定給相對應之物件變數。利用 new 關鍵字可以配置一個實體的記憶體空間給一個物件，並將其參考值指向所宣告的物件變數，請參考圖 3-1。

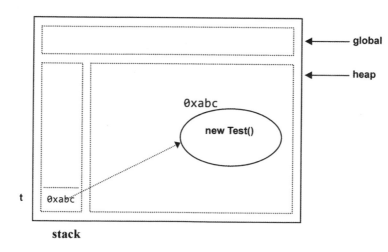

圖 3-1：記憶體配置物件圖

最後在程式中就可以透過 t 這個物件變數去操作所建立出來的物件資源。

在 Java 語言中建立物件實體：

```
01   package book.java7.chapter3;
02   public class Test {
03       String s = "Hello！";
04       public static void main(String[ ] args)  {
05           Test t = new Test();
06           System.out.println(t.s);
07       }
08   }
```

執行結果：

```
Hello！
```

程式第 5 行利用 new 關鍵字建立了 Test 類別的物件實體，並宣告以 t 變數來表示
該物件變數。第 6 行將 t 物件的屬性 s 取出。

利用物件變數抓取其屬性與方法的表現方式：

1. **物件變數名稱 . 屬性**：抓取物件屬性內容。

2. **物件變數名稱 . 方法 ()**：執行物件方法。

接下來我們再來探討 Test t = new Test(); 的意涵：

先前我們說過，t 是物件變數可以用來操作 Test 的物件實體，那是用何種觀點來
操作呢？答案就是在宣告 t 物件變數時左邊的 Test 資料型別：

因此在 Test 的觀點中，Test 類別所定義的屬性與方法都可以藉由 t 物件變數來呼
叫（切記！只是呼叫而已），而呼叫後的實作返回則由 Test 物件實體 — new Test()
來實施調用的執行結果。

物件變數 t 只是根據 Test 的型別來做合法的呼叫與操作。至於真正執行的部份，則由所建立的 Test 物件實體根據物件導向的機制（繼承、封裝、多型、覆載與覆寫…等）來回應 t 的呼叫並執行程式碼實作的結果，請參考下表 3-1。

表 3-1：物件的呼叫與實作 part I

Test t	new Test()
t.s t.main()	s = "Hello ！" main(): 程式進入點
合法呼叫	實作的部份

所以 t.s 的回應結果就是 "Hello ！"。一般來說，不會利用物件變數來呼叫自己的 main() 方法，因為它本身就是程式進入點，不過卻有可能因繼承的關係而呼叫其他類別物件的程式進入點，但這種情況不多。

最後要補充一點，Java 中任何物件的源頭都是 Object（Java 中所有物件都會自動繼承 Object class，有關 Object 類別請參考 Java API 文件），因此物件變數 t 除了自己本身的資源 t.s 或 t.main() 可以呼叫之外，也可以合法呼叫 Object 類別所提供的資源（屬性與方法）：

表 3-2：物件的呼叫與實作 part II

Test t	new Test()	
t.s t.main()	s = "Hello ！" main(){...}	Test 類別物件自己的方法
t.clone() t.equals() t.finalize() t.getClass() t.hashCode() t.notify() t.notifyAll() t.toString() t.wait() 覆載方法	clone() {...} equals(){...} finalize(){...} getClass(){...} hashCode(){...} notify(){...} notifyAll(){...} toString(){...} wait(){...}	Object 類別物件所提供的方法
合法呼叫	實作的部份	

NOTE

1. 物件導向概念中所謂的抽象化，是形容物件中的屬性及方法被完整地封裝。一個設計良好的物件，它的屬性與方法以及存取範圍都是經過規範且有著清楚的描述。

2. 類別是物件的描述方法，也是物件的藍圖。

3. 物件是一群相關屬性（資料）與方法（函式）的組合。

3-1 ▶ 建構子（Constructor）

建立物件時，除了在記憶體中配置一塊存放物件的區塊之外，同時也會執行建構子函式。建構子（Constructor）是物件建立時所執行的第一個函式，通常設定物件在被引用前所應載入的一些設定以初始化內部物件狀態。建構子在宣告時有二個特性：

1. 建構子 Constructor 沒有傳回值（no return value）。

2. 建構子 Constructor 名稱須與類別（class）名稱相同。

❤️ 語法

存取權限 類別名稱 (參數列)

```
public class MyTest {
    public MyTest()  {
        …// 程式區塊 Statement or Block of Code
    }
}
```

假設：

```
public class MyTest {
    public MyTest() {}     // 建構子
    void MyTest() {}       // 物件方法 ( 無回傳值 )
    int MyTest() {}        // 物件方法 ( 有回傳值 )
}
```

建構子方法簽章中不可以有 void 修飾字。

【建構子執行範例一】

```
01    package book.java7.chapter3;
02    public class MyTest {
03        MyTest() {
04            System.out.println(" 執行 MyTest() 建構子 ");
05        }
06        public static void main(String[] args) {
07            MyTest t = new MyTest();
08            new MyTest();
09        }
10    }
```

執行結果：

```
執行 MyTest() 建構子
執行 MyTest() 建構子
```

程式第 7 行與第 8 行皆會執行 MyTest() 建構子函式。程式第 7 行，在建立物件時指派給一個物件變數 t，為的是在之後的程式碼中可以利用 t 來操控所指向的物件實體。程式第 8 行則只是單純地建立一個物件實體與執行建構子。

【建構子執行範例二】有參數的建構子

```
01    package book.java7.chapter3;
02    public class MyTest2 {
03        MyTest2(String s) {
04            System.out.println("Java" + s);
05        }
06        public static void main(String[] args) {
07            MyTest2 t = new MyTest2("7");
08        }
09    }
```

執行結果：

```
Java7
```

預設建構子（Default Constructor）

類別（class）裡面一定要有建構子，所以在撰寫 class 時必須定義該類別的建構子，程式中若沒有明確定義建構子，Java 在編譯時期會自動幫該類別加上建構子，所加上的建構子就稱為預設建構子（Default Constructor）。

預設建構子有下列五個特點：

1. 每一個 class 最多只能有一個預設建構子；

2. 程式中若沒有定義建構子，在編譯時期會自動加入，所加入的就稱之為預設建構子；

3. 預設建構子的存取權限與該類別的存取權限相同；

4. 預設建構子沒有參數列（no arguments）；

5. 除了初始成員變數或繼承時 super() 的定義外，預設建構子基本上是沒有其他的程式敘述（no body statement）。

假設有下列程式碼一：

```
public class Test {
    int k;
}
```

該預設建構子所表現的程式實作為：

```
public class Test {
    int k;
    public Test() {} // 反組譯後將可看到預設建構子
}
```

將上述程式碼的成員變數 k 給定初始值 10，如下所示：

```
public class Test {
    int k = 10;
}
```

返組譯之後則該預設建構子所表現的程式實作為：

```java
public class Test {
    int k;
    public Test() {
        k = 10;
    }
}
```

因此預設建構子的程式碼區塊會設定該類別成員變數的初始值，但方法中的區域變數將不會在預設建構子中做初始值的設定。

🐾 語法（編譯器自動生成）

類別的存取權限　類別名稱 (){ ... }

```java
public class MyTest {
    public MyTest() { }      // 存取權限與 class 所設定的相同

}
```

static 成員與 non-static 成員

static 成員就是類別成員，包括靜態內部類別、類別屬性與類別方法。non-static 成員則是物件（實例 instance）成員，亦即物件屬性與物件方法。

法則：

1. 在 non-static 成員中可以直接存取 non-static 成員與 static 成員。

2. 在 static 成員中只允許直接存取 static 成員，若要存取 non-static 成員，必須明確地宣告與創建該物件之後再進行存取。

由於 static 是屬於類別的成員，不必建立物件就可以直接存取，所以呼叫 static 方法時，不會傳入物件的參考位置（不會有 this 參考）。而 non-static 成員必須先有物件（透過 this 參考）才能夠對旗下成員做存取的動作。

【範例程式一】

```
01  package book.java7.chapter3;
02  public class MyTest3 {
03      void aMethod() {
04          bMethod();              // 可以直接呼叫 bMethod()
05          dMethod();              // 可以直接呼叫 dMethod()
06      }
07      void bMethod() {}  ◄
08      static void cMethod() {                          ✕
09          bMethod();              // 不可以直接呼叫 bMethod()
10          dMethod();              // 可以直接呼叫 dMethod()
11      }
12      static void dMethod() {
13          new MyTest3().bMethod(); // 可以呼叫 bMethod() 因為在 static 環境中
14                                   // 有直接明確的建立該物件。
15      }
16  }
```

aMethod() 能直接呼叫 bMethod()，是因為呼叫端必須在已建立的物件中才能執行，因此，在 aMethod() 環境中可以自然地直接呼叫 bMethod()，該物件的參照其實就是 this，可以想成 this.bMethod();。但 cMethod() 是 static 成員，其呼叫端不需要建立物件就可以執行該方法，所以，**在 static 成員中根本沒有隱含的 this 參考指標指向物件**，當然不能直接呼叫 bMethod() 或 this.bMethod()。只有像 dMethod() 的寫法（new MyTest().bMethod();）明確定義出物件的情況，才能存取 bMethod()。屬性與方法也必須依照上述的規則來做相互存取的動作。

所謂覆寫（Overriding）是發生在繼承關係中，子類別自行實作一個方法來取代父類別所提供的方法，程式在執行中會執行子類別的方法，而不執行父類別的方法。以下是一個典型的覆寫範例：

【 覆寫（ overriding ）範例一 】

```
01  package book.java7.chapter3;
02  class Father {
03      void amethod(){
04          System.out.println(" 呼叫父類別的 amethod ！");
05      }
06  }
07  public class Son extends Father {
08      public static void main(String[] args) {
09          Son s = new Son();
10          s.amethod();
11      }
12      @Override
13      void amethod(){
14          System.out.println(" 呼叫子類別的 amethod ！");
15      }
16  }
```

執行結果：

```
呼叫子類別的 amethod ！
```

程式第 2 ～ 6 行是父類別 Father 的程式區塊。第 7 ～ 16 行是子類別 Son 的程式區塊。第 3 ～ 5 行為父類別所提供的 amethod() 方法宣告與實作。第 12 ～ 15 行為子類別（ Son 類別）所提供的 amethod() 方法宣告與實作。

程式第 9 行建立 Son 類別的物件變數 s 與物件實體。第 10 行呼叫 amethod() 方法，這時由於子類別中有和父類別中同名的方法─**amethod()**，所以程式會進行方法覆寫的動作，執行子類別中的 amethod() 方法，而父類別中的 amethod() 方法將不會被執行。若欲執行父類別的方法則可以在子類別的 amethod() 中加上 super.amethod()。

3-3-1　有例外事件的覆寫

若覆寫的方法中有修飾例外事件，該方法所修飾的例外事件必須包含在原方法所修飾的例外（exception）事件內（相同或不丟也可），且執行覆寫方法時，會根據所修飾的例外類別來決定是否要將程式碼撰寫在 try…catch 區塊或再利用 throws 丟出。基本上，若發生 RuntimeException 或 Error 時是可以不用撰寫 try…catch 的。其他有關例外事件的處理將詳述於第 4 章。以下是例外事件覆寫的應用範例。

【覆寫（overriding）範例二】

```
01  package book.java7.chapter3;
02  import java.io.*;
03  class Father2 {
04      void amethod() throws Exception{}
05  }
06  public class Son2 extends Father2 {
07      public static void main(String[] args)  {
08          Son2 s = new Son2();
09          try {
10              s.amethod();
11          }
12          catch(IOException e) { }
13      }
14      @Override
15      void amethod() throws IOException { } // 也可以不丟出例外事件
16  }
```

程式第 4 行原方法 amethod() 修飾一個例外事件 Exception。第 9 ～ 12 行是 try…catch 程式區塊。第 10 行於 try…catch 程式區塊中呼叫 amethod() 方法。第 13 行覆寫 amethod() 方法並修飾 IOException 例外事件，在例外處理函式庫的架構中 IOException 是屬於 Exception 的子類別。

3-3-2　Override 回傳型別

Tiger（JavaSE 5.0）中解決了覆寫 override 回傳型別的問題。

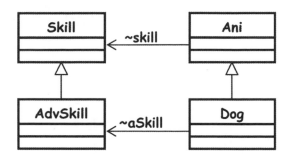

圖 3-2：一個 UML 類別圖

【覆寫（overriding）範例三】

```
01  package book.java7.chapter3;
02  class Skill {}
03
04  class AdvSkill extends Skill {}
05
06  class Animal2 {
07      Skill skill;
08      public Skill getSkill() {
09          skill = new Skill();
10          return skill;
11      }
12  }
13  public class Dog extends Animal2{
14      AdvSkill aSkill;
15      @Override
16      public AdvSkill getSkill() {
17          aSkill = new AdvSkill();
18          return aSkill;
19      }
20  }
```

由於 Tiger 之前不支援回傳值的覆寫機制，所以前述程式第 15 行必須改成：

```
public Skill getSkill() {
        aSkill = new AdvSkill();
        return aSkill;   // 因為多型的關係所以可回傳 AdvSkill 的實體 new AdvSkill()
}
```

既然可以回傳 AdvSkill 的實體（new AdvSkill()），理論上定義方法時應可以宣告其回傳值為 AdvSkill。不過，這與先前 Java 的覆寫機制相衝突，反而會造成編譯時期錯誤。這種狀況到了 Tiger 已經獲得改善，你可以將覆寫方法的傳回值撰寫成原方法的直系「**子**」類別，但不可以是「**父**」類別，這也是所謂的「共變回傳（**cvariant return**）」。

覆寫回傳值－合法

父類別：

```
public Skill getSkill() {}
```

子類別：

```
public AdvSkill getSkill() {}
```

覆寫回傳值－不合法

父類別：

```
public AdvSkill getSkill() {}
```

子類別：

```
public Skill getSkill() {}
```

覆寫時發生例外，因為傳回值型別不可以是原方法傳回值型別的父類別。

3-3-3 覆寫的限制與注意事項

有關覆寫的限制與注意事項如下：

1. 覆寫是發生在有繼承關係的類別體系中；

2. 覆寫的方法名稱宣告必須相同；

3. 若方法有回傳值，其回傳型態必須相同或是原方法傳回值型別的子類別；

4. 方法中的參數列（不論數量、資料型別及擺放順序）都必須相同；

5. 存取權限不可小於原方法。

   在前述第一個覆寫範例中，原方法 amethod() 存取權限是 default/package（第 2 行），所以子類別要覆寫父類別的方法時，宣告覆寫方法（如第 11 行）的存取權限必須大於或等於 default 的存取權限，因此可以是 default、protected 或 public。如果第 11 行宣告成 private，因為 private 的存取權限比 default 小，便會發生編譯時期錯誤。

6. 當父類別方法的方法簽章有拋出例外事件，子類別覆寫方法的方法簽章可以選擇是否要拋出例外，若選擇要拋出例外該例外類別必須：

   a. 與原方法相同。

   b. 原方法例外事件類別的子類別。

有關覆寫的限制與注意事項以下再利用 UML 圖解來說明：

1. 覆寫是發生在有繼承關係的類別體系中；

2. 覆寫的方法名稱宣告必須相同；

3. 若方法有回傳值，其回傳型態必須相同或是原方法傳回值型別的子類別；

4. 方法中的參數列（不論數量、資料型別及擺放順序）都必須相同；

5. 存取權限不可小於原方法。

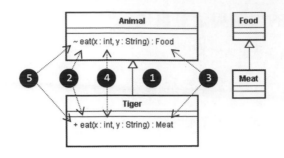

UML 存取權限符號：

Java 存取權限	UML 代表符號
public	+
protected	#
default/package	~
private	-

6. 當父類別方法的方法簽章有拋出例外事件，子類別覆寫方法的方法簽章可以選擇是否要拋出例外，若選擇要拋出例外該例外類別必須：

a. 與原方法相同。

b. 原方法例外事件類別的子類別。

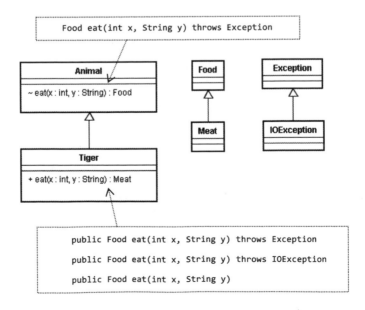

3-3-4　遮蔽

方法有覆寫機制，屬性也有，屬性的覆寫機制稱爲「遮蔽」。程式碼片段如下：

```
01   class Animal {
02       int legs;  ◀┈┈┈┈┈┈┈┈┈┈┈┈┈┈┈┈┈┈┈┐
03   }                                    │
04   public class Dog extends Animal{   遮蔽│
05       int legs = 4;  ◀┈┈┈┈┈┈┈┈┈┈┈┈┈┈┘
06   }
```

在遮蔽機制中只是單純地將父類別的屬性覆蓋，不過仍可以利用 super 關鍵字來取用父類別的屬性 legs。

3-3-5　超載（Overloading）

超載／覆載（Overloading）是指同一種方法可以產生不同的實作。例如，呼叫同一個方法名稱 aMethod() 可以依**傳入不同的參數**來實作出相異的程式碼。超載又可分爲方法的超載與建構子的超載。

表 3-3：方法 / 建構子超載

方法超載（method overloading）	建構子超載（constructor overloading）
public void aMethod() {…}	public Base(){…}
public void aMethod(int i) {…}	public Base(int i){…}
public void aMethod(String s, int i) {…}	public Base(int i, String s){…}
public void aMethod(int i, String s) {…}	public Base(String s, int i){…}

方法超載在參數列**必須不一樣**的規定下，其傳回值型態也可以不一樣。如：

```
void aMethod() {}
int aMethod() {}        // 編譯錯誤，會造成方法重複定義
int aMethod(int i) {} // 正確，在參數列不同的情形下，回傳值也可以不同
```

參數列的順序也會影響所宣告的超載方法是否成立。如：

```
void bMethod(String s, int i){}
void bMethod(int i, String s){}
```

上述二種 bMethod() 方法，即使傳入型態都有 int 與 String，但是其參數列的順序不同，亦會被視為二種不同的超載方法。

【超載範例程式片段一】

```
01    public class Dog {
02        void aMethod(){}
03        String aMethod(String s){}      // 超載 aMethod()
04        void aMethod(int i){}           // 超載 aMethod()
05    }
```

超載 Overloading 不一定只發生在自身類別中，在實作上子類別也有可超載父類別的方法。

【超載範例程式片段二】

```
01    class Animal {
02        void aMethod(){}
03    }
04    public class Dog extends Animal{
05        String aMethod(String s){}     // 超載父類別的 aMethod()
06        void aMethod(int i){}          // 超載父類別的 aMethod()
07        void aMethod(){}               // 覆寫父類別的 aMethod()
08    }
```

程式第 5 與第 6 行分別超載了父類別的 aMethod()，但程式第 7 行則是覆寫父類別的 aMethod() 方法。

在超（覆）載 overloading 的機制中，我們可以依傳入不同參數，來對同一個方法名稱產生不同的實作。假設我們要做一個計算器，它可以利用「+」運算子來算出傳入參數的總合，程式片段如下：

```
01   public int calc(int x, int y) {
02       return x + y;
03   }
04   public int calc(int x, int y, int z) {
05       return x + y + z;
06   }
```

我們可以很簡單地利用 overloading 機制撰寫一個 calc()，並且簡單地做出 2 或 3 個數字相加的總合。那麼，如果需要做出 4 個、5 個、6 個〜 N 個數字的加總呢？我們不會呆呆的撰寫 N 個 calc()，而會利用 int[] 來當做傳入參數的資料型別，例如：

```
01   public int calc(int[] c) {
02       int sum = 0;
03       for(int i : c) {
04           sum += i;
05       }
06       return sum;
07   }
```

這種寫法必須在使用時先將傳入的參數建立成陣列，有一點麻煩，例如：

```
objectName.calc(new int[]{1, 2, 3, 4})
```

所幸 Tiger 提供的 **Vararg（變長參數）**的機制，能讓我們隨意地增長方法中的參數。如：

```
public int newCalc(int... c) {}   // ... 省略符號（就是有很多的意思）
```

而使用 newCalc() 時就可以用很直覺的方式來使用，如：

```
objectName.calc(1);
objectName.calc(1, 2);
objectName.calc(1, 2, 5, 10);
objectName.calc(1, 2, 5, 10, 20, -1, 15, 100, 2, 0, 3, 4);
```

```
01    package book.java7.chapter3;
02    public class AddInt {
03        public static void main(String[] args) {
04            AddInt ai = new AddInt();
05            int a = ai.newCalc(1, 2);
06            int b = ai.newCalc(1, 2, 3, 4);
07            int c = ai.newCalc(a, b);
08            System.out.println(c);
09        }
10        public int newCalc(int... c) {
11            int sum = 0;
12            for(int i:c) {  ◄············
13                sum += i;                可以利用 for loop 或 for/in
14            }                            來取得 c 的元素內容
15            return sum;
16        }
17    }
```

程式第 5 ～ 7 行享受了 **vararg** 使用上的便利。vararg 機制讓編譯器把 int...c 的 c 當成一個 int[] 陣列變數來使用，所以在方法的內容實作上應該使用陣列的觀點來看待它（如程式第 12 ～ 14 行）。

我們可以利用 jad 反組譯來看出 javac 如何看待 vararg 的宣告。

原式（AddInt.java）：

```
public int newCalc(int... c) {...}
```

利用 javac 編譯成 AddInt.class 之後再利用 jad 反組譯：

```
public transient int (int c[]){...}
```

除了會將原式 int... c 轉換成 int c[] 之外，還在該方法前加上 transient 修飾字，transient 作為成員變數的修飾字時，不會把該屬性當時的內容值序列化出來（經過 transient 所修飾的屬性 / 變數是不會被序列化的）。transient 在 .java 檔編輯階段不可以拿來修飾成員方法；但在轉譯成 class 檔時，編譯器（javac）會按照實際的情況來決定是否要加上 transient 來修飾。

省略號（...）的出現位置與限制

■ 具有省略號的參數必須是方法參數列中最後一個參數。

```
void calc(int x, int... c) {}  // 正確
void calc(int... c, int x) {}  // 錯誤
```

■ 一個方法最多只能有一個省略號。

```
void calc(int x, int... c) {}      // 正確
void calc(int... x, int... c) {}   // 錯誤
```

■ 當使用省略號做為方法中唯一的參數列時，呼叫端不傳進參數也是被允許的。

假設：

```
void calc(int... c) {}
```

合法的呼叫為：

```
objectName.calc();   // 可以不傳進參數
objectName.calc(1, 2, 3, 4);
```

3-5 封裝

物件導向概念中,「封裝」可說是物件狀態的隱藏過程,或指程式實作的隱藏
(implementation hiding)。所謂的封裝是透過統一方法或介面實作(interface
implements)來取得那些類別中不允許被外部直接存取的內部資料,以維護物件
資源的完整性與存取安全。簡單地說,就是將類別(class)內部的屬性(data)
和方法(method)包裝起來。

下面是一個類別封裝範例,將 MyAccount 的物件變數 int money 之存取權限設為
private,並建立 **getMoney()** 與 **setMoney()** 這二個方法,以提供給外界來存
取該物件內的屬性內容值。

```
01    package book.java7.chapter3;
02    public class Encapsulation {
03        public static void main(String[] args) {
04            MyAccount account = new MyAccount();
05            account.setMoney(10000);
06            System.out.println("$" + account.getMoney());
07        }
08    }
09    class MyAccount {
10        private int money; // private 的存取權限
11        public void setMoney(int money) {
12            this.money = money;
13        }
14        public int getMoney() {
15            return money;
16        }
17    }
```

執行結果:

```
$10000
```

3-6 ▶ 繼承（this 與 super）

所謂繼承，是指類別物件的資源可以延伸和重複使用，在程式中可利用 extends 關鍵字來表達類別的繼承關係，這種延伸類別（extends class）的關係也就是 "is a" 的概念。當子類別繼承了父類別時，可使用父類別中的資源，不過存取的範圍必須受限於父類別的存取修飾字，也就是 default、protected、public 和 private。

此外，Java 語言在繼承上只允許單一繼承（Single Inheritance）關係，也就是子類別在定義繼承的關係時，只能針對單一父類別做延伸，不能同時使用來自多個父類別的資源。

利用 extends 關鍵字繼承父類別的程式語法為：

```
[ 子類別宣告 ] + extends + [ 父類別名稱 ]
```

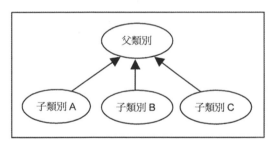

圖 3-3：父子類別繼承示意圖

Java 的繼承機制是子類別包含著父類別，因此子類別可以看見父類別，但父類別看不到子類別，如下圖所示。

圖 3-4：類別繼承的可視區

在繼承關係中，父類別又稱超類別（super class）或基礎類別，子類別（sub class）又稱擴充類別。子類別因繼承了父類別所以基礎會擴大，也因為有擴大效果，所以當時在制定 Java 語言的繼承關鍵字時，就是使用 **extends** 而非 inherit。

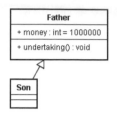

圖 3-5：繼承的 UML 結構圖

範例程式碼：

```
01    package book.java7.chapter3;
02    class Father3 {
03        public int money = 1000000;
04        public void undertaking() {
05            System.out.println(" 父親的事業 ");
06        }
07    }
08
09    class Son3 extends Father3 {
10
11    }
12
13    public class ExtendsSample {
14        public static void main(String[] args) {
15            Son3 son = new Son3();
16            son.undertaking();
17            System.out.println(" 金額 :" + son.money);
18        }
19    }
```

執行結果：

```
父親的事業
金額 :1000000
```

程式第 9 行 Son3 類別繼承了 Father3 類別，所以可以將 Father3 的資源視為自己的資源來取用，因此程式第 16、17 行將是合法的存取。

表 3-4：繼承的呼叫與實作

Son3 son	new Son3()
son.money ·······················▶	money = 1000000
son.undertaking() ············▶	undertaking(){...}
合法呼叫	實作的部份

3-6-1　繼承關係下的建構子

在 Java 考試裡，建構子在繼承關係下的行為是最常考的題目，只要了解建構子在子類別與父類別之間的呼叫行為，碰到類似試題時必能十拿九穩。如下例，假設有下列二個父子類別：

```
01    class Father {
02
03    }
04
05    class Son extends Father{
06
07    }
```

二個重點：

1.　Father 類別在編譯時會產生預設建構子，所以必須看成：

```
class Father {
    Father() {}
}
```

2.　Son 類別在編譯時也會產生預設建構子，所以也必須看成：

```
class Son {
    Son() {}
}
```

由於 Son 類別繼承 Father 類別，所以在預設時 javac 會在 Son(){} 建構子的第一行預設加入 **super()**，也就是呼叫父類別 Father 的無帶參數建構子，所以 Son 類別應該看成：

```
class Son extends Father{
    Son() {
        super();  // 呼叫 Father 類別中無帶參數的建構子


    }
}
```

super()/this() 用來呼叫父類別／自己的建構子，在撰寫上必須放在建構子程式實作區塊中的第一行。接下來我們寫一段程式來證明一下：

```
01    package book.java7.chapter3;
02    class Father4 {
03        Father4(){
04            System.out.println("A");
05        }
06    }
07
08    class Son4 extends Father4{
09        Son4(){
10            System.out.println("B");
11        }
12    }
13
14    public class ExtendsSample2 {
15        public static void main(String[] args) {
16            Son4 son = new Son4();
17        }
18    }
```

執行結果：

```
A
B
```

解題技巧：

由於 Son4 extends Father4，請想像在程式第 9 行與第 10 行中間有一個 **super()** 程式碼，用來呼叫父類別的無帶參數建構子。

```
08    Son4(){
09        System.out.println("B");
10    }
```

```
08    Son4(){
          super();    ◀⋯⋯⋯⋯⋯⋯ 在你的腦海中必須有這行 code
09        System.out.println("B");
10    }
```

3-6-2 父類別本身是有帶參數的建構子

建構子的實作本身是允許帶參數的，所以我們將上述範例程式改成：

```
01    package book.java7.chapter3;
02    class Father5 {
03        Father5(char c){              ◀⋯⋯⋯⋯┐
04            System.out.println(c);           有帶參數的建構子
05        }
06    }
07
08    class Son5 extends Father5{
09        Son5(){
10            System.out.println("B");
11        }
12    }
13
14
15    public class ExtendsSample3 {
16        public static void main(String[] args) {
17            Son5 son = new Son5();
18        }
19    }
```

編譯時會發生編譯時期錯誤，且錯誤訊息為：

```
ExtendsSample3.java:10: cannot find symbol
Symbol : constructor Father()
Location : class Father
    Son(){
        ^
1 error
```

由繼承的經驗我們知道，Son5 的建構子中預設會呼叫 super() 建構子。以本題為例，Father5 類別中根本沒有提供 Father5() {} 建構子讓子類別來呼叫，所以在編譯的時候會產生「找不到 Father5() 建構子」的錯誤訊息，要解決這個問題基本上有二種方式：

- 第一種：

  直接在 Father5 類別中加入一個無帶參數建構子來實作。

- 第二種：

  在 Son5 類別的建構子實作上，自行撰寫呼叫父類別（Father5）有帶參數建構子的實作程式碼，例如：

```
Son5(){
    super('A');          ◀·············· 自行呼叫 Father 類別中有帶參數的建構子
    System.out.println("B");
}
```

完整的程式碼如下：

```
01  package book.java7.chapter3;
02  class Father5 {
03      Father5(char c){  ◀·············
04          System.out.println(c);        ┊
05      }                                 ┊
06  }                                     ┊  自行呼叫 Father 類別中有帶參數的建構子
07                                        ┊
08  class Son5 extends Father5{           ┊
09      Son5(){                           ┊
10          super('A'); ·················
```

```
11          System.out.println("B");
12      }
13  }
14
15  public class ExtendsSample3 {
16      public static void main(String[] args) {
17          Son5 son = new Son5();
18      }
19  }
```

執行結果：

```
A
B
```

考試時，請留意繼承題目中父子類別的建構子實作程式碼。此外，由於 Java 不支援多重繼承，所以在 extends 關鍵字後面只允許加上一個具體或抽象的類別，而這個類別名稱一般稱爲父類別或超類別（super class）。

雖然 Java 不支援多重繼承，不過程式設計師卻可以利用實作介面（implements interface）的方式來模擬多重繼承的效果，在 Java 語言中一個 interface 介面可以繼承（extends）多個 interface 介面。

例如：public interface 介面 **extends** [介面 1, 介面 2, …介面 N]

即使子類別繼承父類別，若父類別的存取修飾字含有 private 的存取權限，則子類別也無法直接存取。

3-6-3 this 與 super 關鍵字

this 與 super 都是 Java 的關鍵字，二者皆是會在編譯時期自動加入的參考（Reference），以下就其個別的特點及用法加以敘述。

不過 this 只能用在方法（Method）或建構子（Constructor）中，super 亦同。

super 關鍵字是用在當子物件欲參考指向父物件的屬性（Attribute）、方法（Method）以及建構子（Constructor）時使用，所以 super 關鍵字必須在繼承關係的運作下才有意義。

this 與 super 在建構子上的應用：

```
01    package book.java7.chapter3;
02    class Father6 {
03        Father6(char c){  ◄
04            System.out.println(c);
05        }
06    }
07
08    class Son6 extends Father6{
09        Son6(){  ◄
10            this('A');
11            System.out.println("B");
12        }
13    ► Son6(char c){
14            super(c);
15        }
16    }
17
18    public class ExtendsSample4 {
19        public static void main(String[] args) {
20            Son6 son = new Son6();
21        }
22    }
```

執行結果：

```
A
B
```

程式第 20 行會先直接呼叫第 9 行的 Son6() 建構子，第 10 行會呼叫第 13 行的 Son6(char c) 建構子，然後執行第 14 行，第 14 行會呼叫 super(c) 也就是呼叫 Father6 類別中有帶參數的建構子，如程式第 3 行。

3-6-4 this 與 super 在屬性／方法上的應用

```
01   package book.java7.chapter3;
02   class Father7 {
03       public int money = 8000000;
04       public void undertaking() {
05           System.out.println(" 父親的事業：房地產 ");
06       }
07   }
08
09   class Son7 extends Father7 {
10       public int money;
11       Son7(int money) {
12           setMoney(money);
13       }
14       public void setMoney(int money) {
15           this.money = money;
16       }
17       public void undertaking() {
18           System.out.println(" 兒子的事業：電腦網路 ");
19       }
20       public void go() {
21           undertaking();
22           System.out.println(" 市值：USD." + money);
23           System.out.println("-------------------------");
24           super.undertaking();
25           System.out.println(" 市值：USD." + super.money);
26       }
27   }
28
29   public class ExtendsSample5 {
30       public static void main(String[] args) {
31           new Son7(500000).go();
32       }
33   }
```

執行結果：

```
兒子的事業：電腦網路
市值：USD.500000
----------------------------
父親的事業：房地產
市值：USD.8000000
```

程式第 15 行，區域變數恰巧與成員變數的名稱一樣，所以可以用 this 來區別。
this.money 是指第 10 行所宣告的成員變數，不過若將 14 ～ 16 行的程式碼中的
setMoney(int money) 改成 setMoney(int m)：

```
public void setMoney(int m) {
    money = m;
}
```

來看改寫後的程式碼，區域變數名稱變為 m，並不會與成員變數 money 相混淆，
所以可以直接引用。當然，寫成這樣也是合法的（如下所示）：

```
public void setMoney(int m) {
    this.money = m;   // 自行在 money 前面加上 this 也是可以。
}
```

但是 m 是區域變數，不能使用 this 來取得。

繼續來看程式第 21、22 行，因為覆寫機制的關係，第 21 行的 undertaking() 會
執行程式第 17 ～ 19 行。又因為遮蔽機制的關係，第 22 行 System.out.println("
市值：USD." + money); 中的 money 將會抓取 Son7 類別物件中的成員變數
money。若要執行父類別（Father7）物件中的 undertaking() 方法與 money 屬
性，必須在程式碼中明確利用 super 的方式來呼叫，如程式第 24 與 25 行。

3-6-5 撰寫 this() 與 super() 建構子呼叫之注意事項

若要利用 this() 在函式中呼叫建構子，則 this() 必須位於該函式的第一行敘述，同理，若要利用 super() 在函式中呼叫父類別的建構子，則 super() 也必須位於該函式的第一行敘述。因此，在程式撰寫時要避免建構子呼叫 this() 與 super() 出現在同一個函式或建構子實作區塊中。下例是錯誤的示範：

```
Foo() {
    super();
    this(int i);        ✗
    // 其他程式實作敘述
}
```

最後要提醒一點，static 成員中並沒有 this 與 super 的參照，所以不能在 static 成員的程式實作區塊中直接下達任何與 this 或 super 有關的程式指令。

3-7 　多型（instanceof 運算子）

多型是爲了開發出可擴充的程式，讓程式開發人員在程式撰寫上更有彈性。所謂多型，泛指在具有繼承關係的架構下，單一的物件實體可以被宣告成多種型別。舉例來說，老虎（Tiger：哈囉！我出現了）是貓科動物，所有貓科動物皆歸屬於動物。我們可以畫一個簡單的 UML 類別圖來表達牠們之間的關係，不過爲了讓整個關係能多一點變化，所以加了一個鳥（Bird）類別在其中，如圖 3-6：

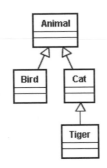

圖 3-6：動物世界 UML 類別圖

將本例幻化成 Java 程式碼，架構如下：

```
01    class Animal {
02    }
03    class Cat extends Animal {
04    }
05    class Bird extends Animal {
06    }
07    class Tiger extends Cat {
08    }
```

在 new Tiger() 時，資料型別可以有下列三種方式：

- 第一種：

```
Tiger t = new Tiger();// 用 Tiger 的眼光來看 Tiger
```

這是最直覺的宣告方式，意味著利用 Tiger（Tiger 型別）的觀點來建立 Tiger 的實體 — new Tiger()，因此在實作上 t 是一個具有 Tiger 資料型別的物件變數，可以利用它來合法存取 new Tiger() 實體中的資源。

- 第二種：

```
Cat c = new Tiger();// 用 Cat 貓科動物的眼光來看 Tiger
```

利用 Cat（Cat 型別）的觀點來建立 Tiger 的實體 — new Tiger()，因此在實作上 c 是一個具有 Cat 資料型別的物件變數，可以利用它來合法存取 new Tiger() 實體中的資源。

- 第三種：

```
Animal a = new Tiger();// 用 Animal 動物的眼光來看 Tiger
```

同樣地，利用 Animal（Animal 型別）的觀點來建立 Tiger 的實體 — new Tiger()，實作上 a 就是一個具有 Animal 資料型別的物件變數，利用它來合法存取 new Tiger() 實體中的資源。

由上可知，單一實體 new Tiger() 可以被宣告成多種型別，如：Tiger、Cat 與 Animal，不過這些都要在繼承關係下才能成立。

同樣的例子，假如用以下方式宣告，就會造成編譯錯誤：

```
Tiger t = new Cat();
```

用老虎的眼光來看所有貓科的動物，或是說將所有貓科的動物都看成老虎？？

就技術的觀點來說：因為 Tiger 是子類別，Cat 是父類別，子類別的範圍大過父類別的範圍，實體又是 Cat 父類別，所以 Cat 將不可能含有 Tiger 自己特有的方法。

例如：

```
class Cat {
    void aMethod(){}
}
class Tiger extends Cat {
    void aMethod(){}
    void bMethod(){}
}
```

當 Cat c = new Tiger(); 時，c.aMethod(); 是合法的存取，因爲在 Cat 類別中只認得 aMethod();，但執行的時候會執行 Tiger 類別的 aMethod()，這就是覆寫機制！

表 3-5：多型的呼叫與實作

Cat c	new Tiger()
c.aMethod()	this.aMethod(){...} this.bMethod(){...} super.aMethod(){...}
合法呼叫	實作的部份

若將宣告改成 Tiger t = (Tiger)new Cat();t.aMethod()，理論上沒問題，但是 t.bMethod() 就有問題了！

Tiger t	new Cat()
t.aMethod() ....➤ t.bMethod() ....➤	this.aMethod(){...} ?
合法呼叫	實作的部份

Cat c = new Animal(); 利用貓的眼光來看所有的動物，或是說將所有動物都看成是貓？同理上述程式碼的宣告也是錯的。

接下來我們就根據 Animal 這個架構，實際撰寫一些程式碼來說明多型的操作。

1.　在 Animal.java 中增加 move() 方法，用來表示 Animal 的移動方式。

2.　在 Cat.java 中增加 move() 與 skill() 方法，用來表示 Cat 的移動方式以及其相關技能。

3.　在 Bird.java 中增加 move() 方法，用來表示 Bird 的移動方式。

4.　在 Tiger.java 中增加 skill() 方法，用來表示 Tiger 的相關技能。

5.　增加一個主程式 Zoo.java 以操作整個 Animal 體系。

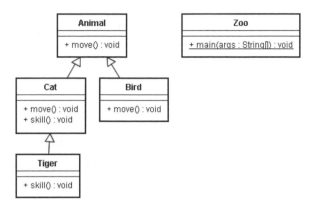

圖 3-7：UML 結構圖

【 Zoo.java 實作程式碼範例 】

```
01  package book.java7.chapter3;
02  class Animal {
03      public void move() {
04          System.out.println(" 移動 ...");
05      }
06  }
07  class Cat extends Animal {
08      public void move() {
09          System.out.println(" 跑跑跳跳 ...");
10      }
11      public void skill() {
12          System.out.println(" 洗澡 ...");
13      }
14  }
15  class Bird extends Animal {
16      public void move() {
17          System.out.println(" 飛飛飛 ...");
18      }
19  }
```

```
20    class Tiger extends Cat {
21        public void skill() {
22            System.out.println(" 狩獵 ...");
23        }
24    }
25    public class Zoo {
26        public static void main(String[] args) {
27            // 進行實作
28        }
29    }
```

Zoo.java 編譯完成後，接下來就可以針對主程式（第 26 行）來進行程式碼實作。
實作時，最好要養成同時看 UML 的好習慣，因為唯有如此才能掌握整個類別系統
架構，而且在現實生活中，你所操作的系統遠比書本範例大得多。

【Zoo.java 操作範例一】

```
25    public class Zoo {
26        public static void main(String[] args) {
27            Tiger t = new Tiger();
28            t.skill();
29            t.move();
30        }
31    }
```

程式第 27 行：物件變數 t 是用 Tiger 的觀點來操作 new Tiger() 實體。

程式第 28 行：由 UML 可以知道 Tiger 繼承了 Cat，但在 Tiger 中透過覆寫機制實
作了自己的 skill()，如程式第 21 ～ 23 行。所以，t.skill() 所執行出來的結果會是：

```
" 狩獵 ..."
```

程式第 29 行：Tiger 中雖然沒有明確定義 move()，但因 Tiger 繼承了 Cat，所以
會呼叫 Cat 中實作的 move()，如程式第 8 ～ 10 行。因此 t.move() 所執行出來的
結果會是：

```
" 跑跑跳跳 ..."
```

```
25   public class Zoo {
26       public static void main(String[] args) {
27           Cat c = new Tiger();
28           c.skill();
29           c.move();
30       }
31   }
```

程式第 27 行：物件變數 c 是用 Cat 的觀點來操作 new Tiger() 實體。

程式第 28 行：因為 Cat 類別定義允許呼叫 skill() 方法，所以 c.skill() 是合法的呼叫，但實作上將完全被 new Tiger() 的物件實體掌握。同樣的，Tiger 繼承了 Cat，但在 Tiger 中透過覆寫機制實作了自己的 skill()，如程式第 21 ～ 23 行。所以，c.skill() 所執行出來的結果仍然是：

" 狩獵 ... "

程式第 29 行：同理，c.move() 所執行出來的結果會是：

" 跑跑跳跳 ... "

表 3-6

Cat c	new Tiger()
c.skill() ·········▶ c.move() ·······▶	Tiger 的 skill(){...} Cat 的 skill(){...} Cat 的 move(){...} Animal 的 move(){...}
合法呼叫	實作的部份

因為有覆寫機制，所以 c.skill() 會執行 Tiger 自行實作的 skill() 方法程式碼區段，而非執行 Cat 自己實作的 skill() 方法程式碼區段。

【 Zoo.java 操作範例三 】

```
25    public class Zoo {
26        public static void main(String[] args) {
27            Animal a = new Tiger();
28            a.move();
29            a.skill(); // 編譯錯誤！不可以呼叫 skill() 方法
30        }
31    }
```

程式第 27 行：物件變數 a 是用 Animal 的觀點來操作 new Tiger() 實體。

程式第 28 行：因爲 Animal 類別定義允許呼叫 move() 方法，所以 a.move() 是合法的呼叫。同理，執行出來的結果依然是：

" 跑跑跳跳 ...."

程式第 29 行：因爲在物件變數 a 的 Animal 觀點中並沒有 skill() 方法，Animal 類別與其父類別（以此例爲例，Animal 是整個架構的源頭，只剩下 Object 類別爲其父類別）的體系中並沒有定義 skill() 方法，因此在物件變數 a 觀點中，不知道有 skill() 方法的存在。所以 a.skill() 會產生「找不到 skill() 方法」的編譯時期錯誤（cannot find symbol a.skill()…）。

表 3-7

Animal a	new Tiger()
a.move() ┈┈┈┈┈┈┈┈┈┈┈┈┈┈┈┈┈┈┈┈➤	Tiger 的 skill(){...} Cat 的 skill(){...} Cat 的 move(){...} Animal 的 move(){...}
合法呼叫	實作的部份

由表 3-7 可知，即使 new Tiger() 的實體有實作 skill() 方法，但物件變數 a 從 Animal 的觀點上無法呼叫得到，所以「多型」更深一層意義就在於權限的概念。

3-7-1　要轉型時請使用 instanceof 來判斷

由上述 Zoo.java 的範例三，我們知道物件變數因為宣告時的觀點（資料型別）不同，所能操作的實體資源也不同。那麼，如果能夠在程式碼中刻意暫時改變物件變數的觀點（資料型別），是不是就能解決 a.skill() 不能呼叫的問題？很幸運地，這個問題可以透過「轉型」來解決，物件的轉型語法：

（類別名稱）物件實體 (new XXX()) 或物件變數

欲轉型的目的類別名稱用小括號圈住，這種轉型的寫法又稱為強制型別轉換。

【 Zoo.java 操作範例四 】

```
25  public class Zoo {
26      public static void main(String[] args) {
27          Animal a = new Tiger();
28          a.move();
29          ((Tiger)a).skill(); // 將當下 a 的觀點轉變成 Tiger
30      }
31  }
```

第 29 行：利用物件轉型語法將 a 的觀點即刻轉變成 Tiger，就可以呼叫 skill() 方法，而執行結果將會看見 " 狩獵… " 的字串字樣。

那，若改成 **((Cat)a).skill();** 是不是也同理可證呢？試試看吧！

一般來說，物件的轉型上也會有風險。假設我們再改一下程式碼，如下：

【 Zoo.java 操作範例五 】

```
25  public class Zoo {
26      public static void main(String[] args) {
27          Animal a = new Tiger();
28          ((Bird)a).move(); // 編譯可以通過
29      }
30  }
```

第 28 行：利用 Bird 的觀點來操作 new Tiger() 實體，基本上這是不合邏輯的，但在編譯時卻可以過關，這是因爲編譯器會把它們視爲 Animal 下的子類別，但在執行時期會發生 "**java.lang.ClassCastException**" 物件型別轉換的例外。那要如何避免在轉換上的問題呢？或者，有什麼運算子能夠在執行時期就知道是否能正確轉換物件型別？這時，我們就必須使用 **instanceof** 運算子，語法如下：

```
物件變數 instanceof 類別名稱
```

instanceof 的回傳值是 **boolean**。回傳值爲 true，表示該物件變數已參考到該類別所建立的物件實體，可以轉型。回傳值若爲 false，則表示該物件變數並未參考到該類別所建立的物件實體，不能轉型。

我們再將 Zoo.java 操作範例五的程式碼修改如下：

【 Zoo.java 操作範例六 】

```
25  public class Zoo {
26      public static void main(String[] args) {
27          Animal a = new Tiger();
28          if (a instanceof Bird){
29              ((Bird)a).move();
30          }
31          else {
32              System.out.println(" 物件變數 a 不可轉型成 Bird.");
33          }
34      }
35  }
```

第 28 行：透過 if 與 instanceof 來判斷物件變數 a 是否可轉型成 Bird，因爲 a instanceof Bird 的回傳值爲 false，所以執行結果印出了「 物件變數 a 不可轉型成 Bird.」的字串。

3-7-2 多型與屬性

假設：

```
01  package book.java7.chapter3;
02  class Father {
03      String name = "Father";
04      String getName() {
05          return name;
06      }
07      String greeting() {
08          return "class Father";
09      }
10  }
11  class Son extends Father {
12      String name = "Son";
13      String greeting() {
14          return "class Son";
15      }
16  }
17  public class Polymorphism {
18      public static void main(String[] args) {
19          // block of code !
20      }
21  }
```

在程式第 19 行寫幾段程式碼測試：

```
Father8 father = new Father8();
System.out.print(father.greeting() + ", ");
System.out.print(father.name + ", ");
System.out.println(father.getName());
```

這個答案應該不難理解，就是：

```
class Father, Father, Father
```

若改成以下的方式：

```
Father8 father = new Son8();
System.out.print(father.greeting() + ", ");
System.out.print(father.name + ", ");
System.out.println(father.getName());
```

這個答案應該也不難理解，就是：

```
class Son, Father, Father
```

解析如下：

father.greeting() → 覆寫機制。

father.name → 請看成在 Father 的物件型別下的屬性 name，因此等於 Father。

father.getName() → 這是 Father 物件 / 類別中才有定義的方法，因此實作的時候 return name; 將會回傳 "Father" 而非 "Son"。

3-7-3 多型與轉型

```
01    package book.java7.chapter3;
02    class Father9 {
03        String name = "Father";
04        String getName() {
05            return name;
06        }
07        String greeting() {
08            return "class Father";
09        }
10    }
11    class Son9 extends Father9 {
12        String name = "Son";
13        String greeting() {
14            return "class Son";
15        }
16        void foo() {
17            System.out.println(name);
18            System.out.println(this.name);
19            System.out.println(super.name);
20            System.out.println(((Son9)this).name);
21            System.out.println(((Father9)this).name);
22            System.out.println(((Son9)this).greeting());
23            System.out.println(((Father9)this).greeting());
24        }
25    }
26    public class Polymorphism2 {
27    public static void main(String[] args) {
28            new Son9().foo();
29        }
30    }
```

執行結果：

```
Son
Son
Father
Son
Father
class Son
class Son
```

程式第 17 行：name 將取得 Son9 類別物件的屬性內容 " Son "。程式第 18 行：
this.name 將取得 Son9 類別物件的屬性內容，也就是 " Son "。程式第 19 行：
super.name 將取得 Father9 類別物件的屬性內容 " Father "。程式第 20 行：
(Son9)this.name 透過轉型直接取得 Son9 類別物件的屬性內容，也就是 " Son "。
程式第 21 行：(Father9)this.name 透過轉型直接取得 Father9 類別物件的屬性內
容，" Father "。

程式第 22 行透過轉型 **((Son9)this)** 可以合法呼叫 greeting()，因為在 Son9 類
別定義中有 greeting() 這個物件方法名稱，但真正實作該方法是由 this 物件決
定，也就是程式第 28 行所宣告的 new Son9() 物件，最後再透過「**覆寫機制**」實
作程式第 13 ～ 15 行的 greeting() 方法。

同理，程式第 23 行透過轉型 **((Father9)this)** 也將合法叫用 greeting()，因為
Father9 類別中有 greeting() 這個物件方法名稱，但真正實作該方法是由 this 物件
決定，也就是程式第 28 行所宣告的 new Son9() 物件，最後也是透過「**覆寫機制**」
實作程式第 13 ～ 15 行的 greeting() 方法。

3-7-4　多型與 static 成員

假設：

```
01    class A {
02        static String name = "A";
03
04        static String greeting() {
05            return "class A";
06        }
07    }
08    class B extends A {
09        static String name = "B";
10        static String greeting() {
11            return "class B";
12        }
13    }
```

寫幾段程式碼來存取：

```
A b = new B();
System.out.print(b.name + ", ");
System.out.println(b.greeting());
```

其執行結果為：

```
A, class A
```

b.name 的 name 是類別成員，b.name 在 A 類別觀點下存取該類別的屬性 name，會得到 A。同理，greeting() 也是類別成員，所以在 A 類別觀點下 b.greeting() 會得到 class A。

3-7-5　多型在方法參數上的應用與設計

假設我們想知道不同動物的移動方式，經過統計後的資料如下：

動物	移動方式
Animal3	" 動 ..."（動物之所以叫動物就是因為牠會動）
Cat3	" 跳 ..."
Bird3	" 飛 ..."
Tiger3	" 跑 ..."

針對上述需求我們設計的 UML 類別圖如下：

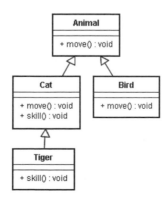

Java 類別實作如下：

```
01    package book.java7.chapter3;
02    class Animal3 {
03        public void move() {
04            System.out.println("動...");
05        }
06    }
07    class Cat3 extends Animal3 {
08        @Override
09        public void move() {
10            System.out.println("跳...");
11        }
12    }
13    class Bird3 extends Animal3 {
14        @Override
15        public void move() {
16            System.out.println("飛...");
17        }
18    }
19    class Tiger3 extends Cat3 {
20        @Override
21        public void move() {
22            System.out.println("跑... ");
23        }
24    }
```

接下來我們會設計一個主程式 Zoo，並提供各種動物的移動方法。

```
25   public class Zoo2 {
26
27       public static void main(String[] args) {
28           Animal3 animal = new Animal3();
29           Cat3 cat = new Cat3();
30           Bird3 bird = new Bird3();
31           Tiger3 tiger = new Tiger3();
32           getMove(animal);
33           getMove(cat);
34           getMove(bird);
35           getMove(tiger);
36       }
37
38       public static void getMove(Animal3 animal) {
39           animal.move();
40       }
41       public static void getMove(Cat3 cat) {
42           cat.move();
43       }
44       public static void getMove(Bird3 bird) {
45           bird.move();
46       }
47       public static void getMove(Tiger3 tiger) {
48           tiger.move();
49       }
50   }
```

執行結果：

```
動...
跳...
飛...
跑...
```

執行結果是對了，但我們發現程式第 38~49 行 getMove() 超載方法應該還有改善的空間，否則未來動物增多就更繁瑣、更不易維護。透過多型方法參數呼叫可以幫我們解決這樣的問題。如下：

```
25    public class Zoo2 {
26
27        public static void main(String[] args) {
28            Animal3 animal = new Animal3();
29            Cat3 cat = new Cat3();
30            Bird3 bird = new Bird3();
31            Tiger3 tiger = new Tiger3();
32            getMove(animal);
33            getMove(cat);
34            getMove(bird);
35            getMove(tiger);
36        }
37
38        public static void getMove(Animal3 animal) {
39            animal.move();
40        }
41    }
```

我們只需留下程式第 38~40 行就可以解決這個問題。Animal 當作方法參數就可以傳入 Animal 或其子類別實體作爲參數引入。

執行結果：

```
動...
跳...
飛...
跑...
```

物件導向程式在實作上有二種方式，分別是「**is-a**」與「**has-a**」。

「**is-a**」：字面上解釋爲「**是一個**」，是一種上下的關係（或稱爲 kind-of）。Java 語言中，利用 extends 關鍵字來實作延伸類別，也就是繼承的關係。例如：電腦是一種電子機械產品，電腦類別繼承了電子機械產品類別，所以電子機械產品就成了電腦的父類別，而子類別則是電腦這個類別。

「**has-a**」：在字面上解釋爲「**有一個**」，是聚合的關係，用來表示類別（class）中的成員變數（member variable）。例如：電腦中有 1 顆 CPU、4G RAM、10TB HD…等，cpu、ram 與 hd 便成了電腦的成員變數。依上述的例子我們可以利用 Java 語言來實作：

♣「is-a」與「has-a」的關係

```
01    class Machine {   // 電子機械產品類別
02    }
03
04    // is a 電腦類別繼承電子機械產品類別
05    public Computer extends Machine  { // "is-a"
06        CPU cpu ;
07        RAM ram ;        // "has-a" 電腦類別的成員變數
08        HD hd ;
09    }
```

程式第 1 行表示電子機械產品類別的宣告。第 5 行利用 extends 關鍵字將電腦類別繼承電子機械產品類別。第 6 ～ 8 行 cpu、ram 與 hd 表示電腦類別中的成員變數。

UML 類別圖表示如右：

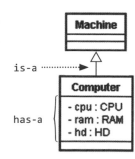

import static 聽起來還蠻酷的，不過它只是讓寫程式時能少打幾個字罷了。傳統的 import 語法可以寫到類別，例如：java.lang.System 或 java.io.IOException，而 import static 卻可以寫到該類別的靜態（static）成員（屬性與方法）。

傳統 import 的撰寫範例（以 java.lang 套件為例）：

```
01    package book.java7.chapter3;
02    import java.lang.System; // 此為預設套件編譯器預設會自動加入
03    public class HelloImportStatic {
04        public static void main(String[] args) {
05            System.out.println("Hello World !");
06        }
07    }
```

import static 的撰寫範例（以 java.lang 套件為例）：

```
01    package book.java7.chapter3;
02    import static java.lang.System.out;
03    public class HelloImportStatic {
04        public static void main(String[] args) {
05            out.println("Hello World !");
06        }
07    }
```

直接可 import 到 System 類別的靜態成員 out。

↑ ·········· 直接從靜態成員 out 開始撰寫即可

若天真地希望能將程式碼更簡化成：

```
println("Hello World !");     // 程式第 5 行希望能寫成的樣子
```

為達目的而擅自將程式第 2 行修改成：

```
import static java.lang.System.out.println;
```

這是不行的，因為 println() 並不是靜態成員。

另外，也不能用 import static 來取代傳統的 import。例如：在撰寫 IO 的程式時，通常會 **import java.io.***，此時就不可以使用 **import static java.io.***，除非 java.io 的套件下有 static 成員，否則容易產生編譯錯誤。再次強調！ import static 最後指向的一定是一個 static 成員（static 方法、static 屬性或 static 內部類別－包含內部列舉），即使使用萬用字元（*）也一樣是指向 static 成員。有關 import static 的各式應用大致可歸納如下：

1. import static 可以直接指到 static 成員。例：

```
import static java.lang.System.out;
```

2. import static 可以用萬用字元（*），指到 static 成員。例：

```
import static java.lang.System.*;
```

3. import static 可直接指到靜態內部類別（static nested class）或靜態內部類別下的 static 成員（屬性、方法或再往下延伸的內部靜態類別）。例如：

```
package com.tw;
public class MyOuter {
    public static class MyInner {}
}
```

在其他類別中，可以使用下列方式來進行 import static 的宣告定義：

```
import static com.tw.MyOuter.MyInner;
```

或

```
import static com.tw.MyOuter.MyInner.*;
```

使用萬用字元（*）時，請確定 MyInner 是否存在著 static 成員。

4. **import static 可以直接指到內部的列舉**，因為內部列舉本身就是一個 static 類別成員。例如：

```
package com.tw;
public class MyOuter2 {
    public enum Myenum {A, B, C};
}
```

在其他類別中，可以使用下列方式來進行 import static 的宣告定義：

```
import static com.tw.MyOuter2.Myenum;
```

或

```
import static com.tw.MyOuter2.Myenum.*;
```

基本上，import static 就是方便程式工程師在撰寫程式時，能更一目瞭然地知道所使用的靜態成員有哪些。

Chapter 4

Java 例外處理機制

第三部分

「Bug」中文的解釋是臭蟲、小蟲。常看到程式開發人員為了找尋程式上的錯誤耗費大量的時間與精力，只為了將「牠」找出來以解決程式執行上的問題。為什麼程式錯誤稱作「Bug」？原因是，在第一代的電腦是由許多龐大且昂貴的真空管所組成，並利用大量的電力來使真空管發光，有一回一隻小蟲子（Bug）不知如何地跑進了真空管內讓整個電腦無法執行，研究人員找了半天才發現，原來其中一支真空管裡面跑進了一隻小蟲子，將其除去之後電腦就恢復正常了。一直到現在，當我們要找出程式的錯誤並加以修護時，習慣上我們會說「Debug」，這就是 Bug 的由來。

程式上的錯誤依性質可分為以下三種：

1. **程式語法上的錯誤：**

    這是最典型也是在程式開發過程中最常發生的錯誤。程式語法錯誤在程式編譯時期會發生編譯時期錯誤（Compile time error），程式開發人員可以很容易地找出錯誤位置並加以修正。例如：char c = "SCJP" 宣告了一個字元，卻將其內容值指定為字串，因此發生了編譯時期錯誤；或者是將 f 變數參照一個檔案實體 File f = new File（" 檔案名稱 "），卻忘了將 java.io.File 類別載入（import）到程式中。

2. **執行時期的錯誤：**

    執行時期錯誤顧名思義就是在編譯時期沒有問題，卻在執行的時候發生錯誤。最典型的例子就是陣列元素索引值超出最大範圍、參數傳遞錯誤（型別不正確）以及整數除以 0⋯等。

3. **商業邏輯的錯誤：**

    商業邏輯錯誤是程式中最難找的 bug。與前二者相比，邏輯錯誤在電腦上是不會出現錯誤訊息的，必須要靠人判斷，這與程式設計師的應用知識、經驗和細心程度有著密不可分的關係。一般而言，除了開發階段之外，商業邏輯錯誤是不應該也不允許發生的。例如利息的計算公式、公司獎金配發比例以及是否要進位（四捨五入 ）⋯等，這些都必須在開發過程中以資料實際測試來確保程式能正確執行。

4-2 ▶ Error、Exception 與 Throwable 類別

Java 中用來處理錯誤的類別是 Throwable 類別、Error 類別與 Exception 類別。其中，Error 類別與 Exception 類別皆分別繼承自 Throwable 類別，以實作或改寫 Throwable 所提供之方法。因此，當程式執行發生 Error 或 Exception 的時候，JVM 錯誤處理機制會將錯誤訊息一層一層地往上傳，最後再由 Throwable 體系中的類別攔截錯誤代碼並顯示訊息。Java 所有有關於錯誤與例外類別都包含在 Throwable 的二個子類別 Error 與 Exception。

圖 4-1 是 Throwable 類別和其子類別 Error 與 Exception 常見錯誤類別的樹狀結構圖，請務必在考試前熟記其繼承關係。

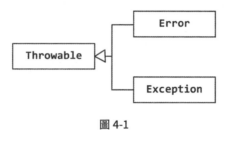

圖 4-1

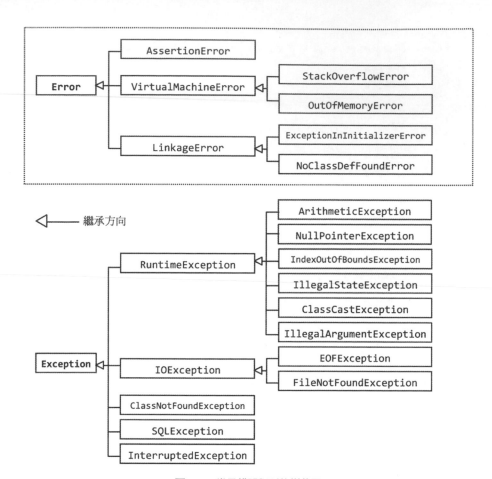

圖 4-2：常見錯誤類別的樹狀圖

其他 Exception 類別

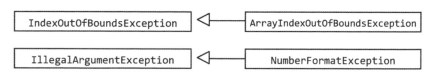

圖 4-3：Exception 類別圖

- **Error**：通常指的是系統本身發出的錯誤訊息。

- **Exception**：是一個不正常的程式在執行期間所觸發的例外。

一般而言，程式執行中可能會發生 **Error** 錯誤或 **RuntimeException** 例外錯誤，但編譯器在編譯程式碼的時候，並不強制要求在程式碼中必須實作 try-catch 或定義 throws 丟出例外的處理，因為這類型錯誤的發生通常是系統資源不足、環境安裝和設定上出了問題、或是程式邏輯錯誤所導致，在開發的過程中是可以預先避免與解決的。至於其他的 Exception，例如 IOException 例外類別，當檔案找不到時會丟出（throw）一個 FileNotFoundException 類別事件。因此在程式撰寫中就必須先用 try-catch 區塊，將容易發生 Exception 的程式碼包住，並在攔截錯誤訊息之後再做例外處理（Exception Handling）。

try、catch 區塊結構

撰寫程式的時候，可將容易發生例外的程式碼先利用 try 區塊包住，如果真有發生例外，可利用 catch 區塊攔截錯誤訊息並執行 catch 區塊內的程式碼（handling）。

⚉ try-catch 語句結構

```
try {
    // 安置可能會發生例外的程式碼
}
catch (Exception e){
    // Exception 例外發生時的錯誤處理
}
```

例外發生時，Java runtime 會將所擷取到的錯誤狀態封裝在 e 物件變數中，try{}裡面有例外，catch() 是否一定能擷取得到？那就要看 catch 在撰寫的時候是否能有效擷取 try{} 中可能引發的例外事件。

在 try-catch 的結構中，try 的區塊只能有一個，但 catch 區塊可以有很多個。值得注意的是，當使用多個 catch 區塊時，若 catch 的類別彼此有直系的繼承關係，在撰寫時必須先寫直系子類別，再寫直系父類別（編譯時期會進行檢查）。

⚉ 多重 catch（用來捕捉多種例外）

```
try {
    // 安置可能會發生例外的程式碼
}
catch (FileNotFoundException e){

}
catch (IOException e){

}
catch (Exception e){

}
```

由 Exception 的架構圖可知，FileNotFoundException
的父類別是 IOException，而 IOException 的父類別是
Exception。

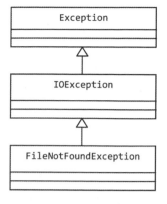

圖 4-4：UML 類別圖

所以在撰寫 catch 時，必須先 catch(FileNotFoundException e)，再
catch(IOException e)，最後再 catch(Exception e)。

【 try-catch 範例 】

```
01    package book.java7.chapter4;
02    import static java.lang.System.*;
03    public class ErrorHandling {
04        static int numerator = 20;  // 分子
05        static int[] denominator = {0, 2, 4};  // 分母
06        static String answer;  // 計算結果
07        public static void main(String[] args) {
08            calc(1);
09            out.println(numerator + " / " + denominator[1] +
10                        " = " + answer);
11            calc(2);
12            out.println(numerator + " / " + denominator[2] +
13                        " = "  + answer);
14            out.println(" 計算完畢 !");
15        }
16        public static void calc(int index) {
17            double ans = 0;
18            ans = numerator / denominator[index];
19            answer = String.valueOf(ans);
20        }
21    }
```

執行結果：

```
20 / 2 = 10.0
20 / 4 = 5.0
計算完畢！
```

若將程式第 8 行改成 calc(0); 我們發現執行結果會是：整數不得除以 0

```
Exception in thread "main" java.lang.ArithmeticException: / by zero
                at ErrorHandling.calc(ErrorHandling.java:16)
                at ErrorHandling.main(ErrorHandling.java:7)
```

這就是 runtime exception，若不加以維護則該錯誤最後會交由 JVM 來處理，應用程式也因此強迫停止。所以在程式中可以將一些容易產生例外的程式區段加上 try-catch 語句，請參考更改後的範例：

```
01    package book.java7.chapter4;
02    import static java.lang.System.*;
03    public class ErrorHandling2 {
04        static int numerator = 20;   // 分子
05        static int[] denominator = {0, 2, 4};   // 分母
06        static String answer;   // 計算結果
07        public static void main(String[] args) {
08            calc(0);
09            out.println(numerator + " / " + denominator[0] +
10                        " = " + answer);
11            calc(2);
12            out.println(numerator + " / " + denominator[2] +
13                        " = "  + answer);
14            out.println("計算完畢！");
15        }
16        public static void calc(int index) {
17            double ans = 0;
18            try {
19                ans = numerator / denominator[index];
20                answer = String.valueOf(ans);
21            }
```

```
22          catch(ArithmeticException e) {
23              out.println(" 產生了數學錯誤，原因是 : " +
24                                  e.getMessage());
25              out.println(" 詳細錯誤 : ");
26              e.printStackTrace(out);
27              answer = " 無法計算 ";
28          }
29      }
30  }
```

執行結果：

```
產生了數學錯誤，原因是 : / by zero
詳細錯誤 :
java.lang.ArithmeticException: / by zero
                at ch4.ErrorHandling2.calc(ErrorHandling2.java:19)
                at ch4.ErrorHandling2.main(ErrorHandling2.java:8)
20 / 0 = 無法計算
20 / 4 = 5.0
計算完畢！
```

請注意！雖然程式產生了例外事件，不過皆可以被 catch 攔截並有效地處理，所以該應用程式可以繼續執行下去。

程式第 7 行的計算容易發生例外，因此我們可以用

```
try {
    ans = numerator / denominator[index];
}
```

將程式碼包住，再利用 catch() 語句實作錯誤處理。

```
catch(ArithmeticException e) {
    System.out.println(" 產生了數學錯誤，原因是 : " +
                        e.getMessage());
    System.out.println(" 詳細錯誤 : ");
    e.printStackTrace(System.out);
}
```

e 是一個 ArithmeticException 例外類別的物件變數，其封裝了當下的錯誤資訊，可以藉由 getMessage() 來取得，如程式第 23 行。若要取得詳細的錯誤內容，包含錯誤型別與程式碼例外的行號，可以使用 e.printStackTrace(System.out); 再傳入 System.out 或 out 參數，提供給該方法輸出訊息之用（程式第 25 行）。「整數是無法除以 0 的，不過浮點數可以，其答案會是 Infinity（無窮大）。」

若再將 ErrorHandling2.java 程式第 7 行改成 calc(99); 則會產生 java.lang. ArrayIndexOutOfBoundsException 的例外，如果要處理就必須再寫一個 catch() 來抓住它，例如：

```
double ans = 0;
try {
    ans = numerator / denominator[index];
    answer = String.valueOf(ans);
}
catch(ArithmeticException e) {
}
catch(ArrayIndexOutOfBoundsException e) {
}
```

由於 ArithmeticException 與 ArrayIndexOutOfBoundsException 並沒有直系關係（繼承），所以可任意順序擺放。

finally 區段為總是執行（**always execute**）的區段。finally 是 Java 的關鍵字，用在程式**跳離** try-catch 區塊之前必須執行的程式區段，**不論程式是否有例外（Exception）發生或之前有下達 return 指令**，由於 finally 區段是 always execute 的程式區段，即使當 try-catch 遇到 return 關鍵字，Java 程式也會先執行 finally 區段的程式碼，然後才去執行 return。

二種讓 Java 程式不執行 finally 區段的方法：

1. **System.exit(int errorCode)：**在 finally 區段前執行 System.exit(1) 函式，強迫正在執行中的程式結束。一般來說，若 **errorCode = 0** 代表正常結束（程式已經執行完畢），**errorCode != 0** 則表示強制關閉應用程式。

2. **關機：**程式在執行 finally 區段前關機（不過這應該蠻難做到的吧！）。

🐞 finally 語句結構

```
try {    ◄·····························  try 區段
}
catch(Exception e) {    ◄···········  catch 區段
}
finally {    ◄·······················  finally 區段
}
```

在 Java 語言中，try 程式區塊可與 catch 或 finally 區段搭配使用，不過 catch 與 finally 必須要搭配 try 區段才可使用，如表 4-1。

表 4-1

try	catch	finally	編譯
○	○	○	成功
○	○	✕	成功
○	✕	✕	失敗
○	✕	○	成功

try	catch	finally	編譯
✕	○	○	失敗
✕	○	✕	失敗
✕	✕	○	失敗
✕	✕	✕	可能會成功

註：○ - 有宣告該區段；✕ - 無宣告該區段

上表編譯成功的認定是根據語句結構來說，✕、✕、✕是在所拋出的例外事件為 Error 或 RuntimeException 等非檢驗例外（Unchecked Exception）時，Java 語句可以不使用 try–catch–finally 語句。

🔅 非檢驗（Unchecked Exception）與應檢驗（Checked Exception）例外

在 Java 例外處理中，又將例外區分成「非檢驗例外」與「應檢驗例外」，而非檢驗例外基本上包含了 Exception 與 Error 二種例外類型，請參考圖 4-5：

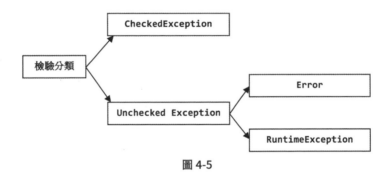

圖 4-5

若系統拋出 CheckedException，程式端擷取到此例外時必須加以處理（try-catch）或做拋出宣告（throws）；若系統拋出 UncheckedException，程式端擷取到此例外時雖然可以處理（try-catch）或做拋出宣告（throws），不過在實施上 Java 建議，若拋出的 UncheckedException 屬於 Error 錯誤例外，代表有重大錯誤發生（例如：記憶體不足、JVM 錯誤、動態連結錯誤或其他硬體錯誤等…），建議不做例外處理，並適時將當時結果反映出來。若拋出的 UncheckedException 是屬於 RuntimeException 執行時期例外（例如：數學錯誤、陣列索引元素超過最大值、null 指標錯誤等…），這些都是可以用程式語法來檢驗與強化，而非使用例外處理程序語法來修復或避開。

4-5 Call Stack 機制

當例外錯誤發生時，系統會丟（throw）出一個例外（exception）事件，try–catch 若可以接到這個例外事件，就會執行該錯誤處理（catch 實作區段），也就是將錯誤處理掉（handling）。如果 try-catch 無法處理或是程式中沒有撰寫 try-catch 區塊程式時，例外事件會一直往上丟，直到遇到可處理的 try-catch 程式區塊，或是最後由 JVM 接到為止。如此將例外事件一層層的往上丟直到被處理為止，這整個過程就稱為 Call Stack Mechanism。

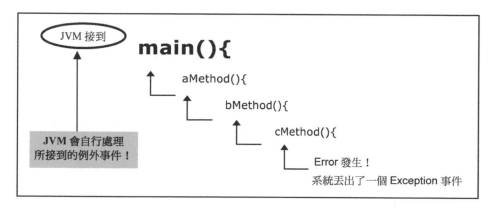

圖 4-6：Call Stack 流程圖 Part I

在圖 4-6 中，main() 呼叫了 aMethod() 方法再呼叫 bMethod() 最後呼叫了 cMethod() 方法，而程序執行到 cMethod() 方法時產生了一個例外事件，由於 cMethod() 方法中並沒有撰寫 try-catch 程式區塊來處理所接到的例外事件，所以該例外事件將會由原呼叫路徑依序往上拋給 bMethod() 方法，不過很不巧的是 bMethod() 方法中也沒有處理該例外事件的能力，所以只好再往上拋給 aMethod() 與 main()，最後被 JVM 接到當然 JVM 會進行處理，不過處理的方式就是讓該應用程式停止運作並顯示例外資訊。

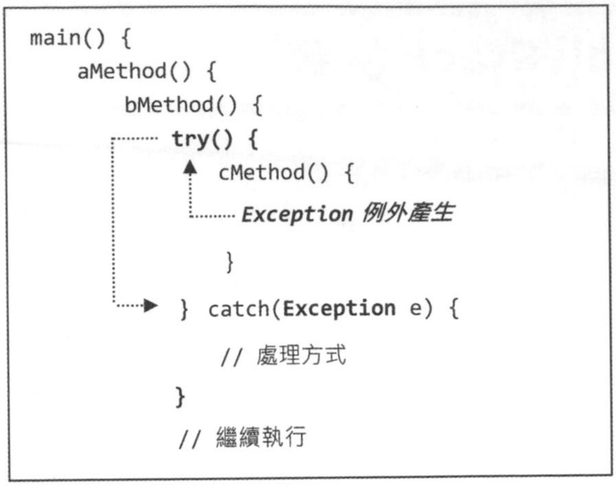

```
main() {
    aMethod() {
        bMethod() {
            try() {
                cMethod() {
                    Exception 例外產生
                }
            } catch(Exception e) {
                // 處理方式
            }
            // 繼續執行
```

圖 4-7：Call Stack 流程圖 Part II

在圖 4-7，同樣的 cMethod() 方法丟出了一個例外，由於 cMethod() 方法中並沒有撰寫 try-catch 程式區塊來處理所丟出的例外事件，所以會往上直接丟給 bMethod() 方法。而在 bMethod() 方法中 cMethod() 方法是被包在 try 區塊中，所以所丟出來的例外「若」可被 catch 中的 Exception 例外類別捕捉，並執行 catch 區塊中的錯誤處理程式，則例外事件將不會繼續往上拋。但若 bMethod() 方法中 catch 的例外無法攔截 cMethod() 方法所丟出的例外，則此例外將不會被 bMethod() 方法中的 catch 所攔截，例外事件仍會繼續向上拋。

最後，若一個例外事件是由 JVM 接到並處理掉，則表示程式中並沒有撰寫可以捕捉此例外事件的程序，或所設計出的 catch 是**不足以擷取並處理到該例外的**。

4-6　Java 利用 throw 丟出例外

本節中我們將進一步探討如何撰寫自己的例外錯誤類別，甚至是商業邏輯（business logic）的例外錯誤 framework。由於 Java 只提供一般的基礎錯誤類別，若需要設計出 LoginException（登入例外錯誤）、IDNumberException（身分證號例外錯誤）或是 BusinessTransactionException（交易例外錯誤），這時就必須自行實作撰寫！當然，在設計自定例外類別之前，有幾個針對例外的指令（關鍵字）是必須知道的。

throw 關鍵字會中斷該方法並且呼叫或傳遞一個例外，可以利用它在程式中觸發一個例外錯誤。**throw** 的程式語法：

程式語法	說明
throw 例外物件變數	丟出一個例外物件
throw new Exception（錯誤訊息字串）	

throw 應用範例程式片段：

```
..     ...
19          double ans = 0;
20          if ((index == 0) || (index >= denominator.length)) {
21              answer = "無法計算";
22              throw new Exception("denominator[] 的索引值 " + "不得為 " + index);
23          }
24          ans = numerator / denominator[index];
25          answer = String.valueOf(ans);
26     ...
```

程式第 22 行自行拋出一個含有自訂錯誤訊息的 Exception 例外物件，該例外錯誤訊息可透過 catch(Exception e) 實作中 e.getMessage() 取得。

撰寫 Java 程式時，若方法（method）在實作中會產生某些例外錯誤，則可在宣告方法時加上 **throws** 關鍵字，用來修飾該方法，目的是讓使用此方法的人能夠知道呼叫這個方法可能會引發或需要處理的例外錯誤有哪些。

🌑 例外錯誤方法的宣告方式

存取修飾字 傳回值 方法名稱（參數列）throws exception1, exception2 ... exceptionN {}

簡單的 **throws** 應用範例程式：

```
01  package book.java7.chapter4;
02  import static java.lang.System.*;
03  public class ErrorHandling3 {
04      static int numerator = 20;   // 分子
05      static int[] denominator = {0, 2, 4};  // 分母
06      static String answer;  // 計算結果
07      public static void main(String[] args) {
08          try {
09              calc(0);
10          }
11          catch(Exception e) {
12              out.println(" 錯誤訊息 : " + e.getMessage());
13          }
14          out.println(numerator + " / " + denominator[0] +
15                      " = " + answer);
16          out.println(" 計算完畢 !");
17      }
18      public static void calc(int index) throws Exception{
19          double ans = 0;
20          if ((index == 0) || (index >= denominator.length)) {
21              answer = " 無法計算 ";
22              throw new Exception("denominator[] 的索引值" + " 不得為 " + index);
23          }
24          ans = numerator / denominator[index];
```

```
25          answer = String.valueOf(ans);
26      }
27  }
```

執行結果：

```
錯誤訊息 : denominator[ ] 的索引值不得為 0
20 / 0 = 無法計算
計算完畢 !
```

程式第 18 ～ 26 行，calc() 的方法簽章被修飾成 throws Exception，因此程式第 9 行在呼叫使用 calc(0) 方法時要用 try–catch（或再 throws 出去），並且所 catch 的範圍要有能力擷取 calc(0) 方法中 throws 所定義的例外類別。

```
                    ................... ... calc(int index) throws Exception { }

        try {
            calc(0);
        }
        catch(Exception e) {
            out.println(" 錯誤訊息 : " + e.getMessage());
        }
                         取到第 22 行 throw new Exception( 錯誤字串 );
```

若 calc() 真的丟出了一個例外程式（第 22 行被執行到），該例外會被第 10 行所擷取，而 e.getMessage() 所抓到的內容，會是程式第 21 行 Exception ("**denominator[] 的索引值不得為 "** + index) 建構子中所撰寫的錯誤訊息字樣。

除了 Error 與 RuntimeException 例外類別，在方法中 throws 所定義修飾的例外類別必須包含方法實作中真實 throw 所丟出的例外類別。換言之，throw 所丟出的例外類別必須是 throws 的子類別（相等也可以）：

合法：

```
public void calc() throws Exception {
    throw new IOException();
}
```

合法：

```
public void calc() throws IOException, SQLException { // 多加了 SQLException
    throw new IOException();
}
```

不合法：

```
public void calc() throws IOException {
    throw new Exception();..........↑✗
}
```

不使用 try–catch 來做錯誤處理就必須 throws 出去。程式第 8 行可以不用在 try–catch 區塊中執行 calc()，不過必須在目前方法 main() 利用 throws 將例外修飾出去，讓他人在呼叫 main() 的同時負責處理例外錯誤，如下所示：

```
public static void main(String[] args) throws Exception{
    calc(0);..........................................↑
    out.println(numerator + " / " + denominator[0] +
                " = " + answer);
    out.println(" 計算完畢 !");
}
```

Chapter **5**
Java 集合架構

第三部分

程式設計師撰寫程式時，會在陣列中存放一大群數值資料或物件，但陣列長度是預先給定且無法變更的，所以在執行時期，程式往往無法變動陣列長度以動態產生所需要的物件。針對這類的問題，java.util 套件提供了各種 classes（The Collection API）讓程式開發者使用，如今程式設計師不再為動態資料存取而煩惱，只要會使用這些功能強大的 classes 即可。你可以將這些不同的集合想成不同的收納盒，並且可以根據不同的內容擺放物而選擇不同的收納盒來收納。

被置入集合的物件，其原本的資料型別將不存在，而是以 Object 的型態存入集合中。不過，當不同資料型別的物件置入同一個集合，日後再取出時，必須先將此元素轉換成原始（放入集合前）的資料型別，否則將會出現執行時期錯誤（runtime error）。

在定義上，一個集合只會有一個型別，不過在實作上卻可以加入不同資料型別的物件於每一個集合元素中，這是因為集合會將所加入的物件在加入前自動轉型成 Object，說明白一點，集合基本上就是 Object[] 所實作出來的作品。

在 Java 中陣列可存放物件以及基本資料型別（int、char、long…等），不過在集合（Collection）只能存放物件，若要存放基本資料型別的資料，必須利用外包類別，例如：Integer、Character、Long…等。

以下章節除了介紹 Java 集合的組織架構，讀者還必須懂得如何操作集合物件的內部元素資料，必備的技巧包含以下三項：

1. 如何增加或移除元素。

2. 如何找出並取出指定元素。

3. 如何在集合中使用走訪器。

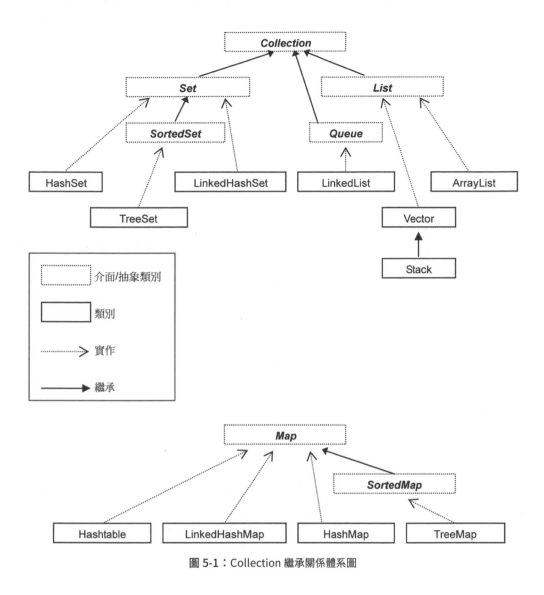

圖 5-1：Collection 繼承關係體系圖

集合（Collection）是描繪或存放一群物件（a group of objects）的觀念，又可稱之為物件群組，物件群組中的物件便是集合中所謂的集合元素（collection element）。集合介面 Collection interface 則是 Java 所有集合的根源（除了 Map 之外）。

表 5-1：Collection 的常用方法

方法名稱	傳回值	說明
add(Object o)	boolean	將指定的物件 o 加入集合中，若傳回值為 true 表示加入成功，false 則加入失敗。
addAll(Collection c)	boolean	將指定的集合物件 c 中所有的元素加入集合中，若傳回值為 true 表示加入成功，false 則加入失敗。
clear()	void	清除集合中的所有元素
contains(Object o)	boolean	用以判斷指定物件 o 是否屬於該集合物件的成員之一，屬於傳回 true，不屬於則傳回 false。
containsAll(Collection c)	boolean	判斷指定集合物件 c 中所有成員是否都屬於該集合物件的成員，屬於傳回 true，不屬於則傳回 false。
equals(Object o)	boolean	比較集合物件與指定的物件 o（if the specified object is equal to this collection），當集合實作 Set 介面（非 Map 或 List）且指定物件 o 也實作 Set 介面時，即傳回 true。
isEmpty()	boolean	判斷此集合是否為空。若此集合是空的，將傳回 true；反之則會傳回 false。
remove(Object o)	boolean	移除在集合中某一個元素，若該元素所參考的物件等於參數中的 o 物件即將該集合元素移除，移除成功傳回 true，失敗則傳回 false。
removeAll(Collection c)	boolean	移除指定集合 c 中的所有成員（所指定的集合 c 可能包含了不只一種集合物件，但不論多少一律皆移除）。移除成功傳回 true，失敗則傳回 false。
retainAll(Collection c)	boolean	除了留下指定集合 c 本身所包含的元素外，其餘的都將移除（也許在集合中還包括了其他成員集合，不過這些都會被刪除）。移除成功傳回 true，失敗則傳回 false。
size()	int	傳回此集合所有元素個數。
iterator()	Iterator	將此集合回傳一個 Iterator，此集合就可以使用 Iterator 中所有的方法，如：hasNext()、next() 與 remove()。
hashCode()	int	傳回一個 hash code 數值

5-2 集合的走訪器 — Enumeration 介面

實作 Enumeration 介面可將指定集合物件中所有元素序列化，並透過 nextElement()
方法逐次存取元素內容值。Enumeration 適用在 Map 族群的集合物件中。

表 5-2：Enumeration 的方法

方法名稱	傳回值	說明
hasMoreElements()	boolean	測試是否還有下一個 Enumeration 元素，有的話則會傳回 true，反之則傳回 false。
nextElement()	Object	指向並回傳下一個 Enumeration 元素。

Enumeration 將集合中所有的物件看成一個個 element（元素）。利用 Enumeration
所取出元素內容值是各自獨立，沒有順序性的。

5-3 集合的走訪器 — Iterator 介面

Iterator 定位在 Collection 介面上，只要是有實作 Collection 介面的集合就會有 Iterator，也就是說，除了 Map 族群之外，所有的 Collection 都會產生 Iterator。Iterator 除了可以存取集合內的元素資料，利用 remove() 方法亦可移除 Iterator 中目前所指向的元素。

表 5-3：Iterator 的方法

方法名稱	傳回值	說明
hasNext()	boolean	判斷是否還有下一個 Iterator 元素，若有則傳回 true，反之則傳回 false。
next()	Object	指向並回傳下一個 Iterator 元素。
remove()	void	移除目前在 Iterator 中所指向的元素。

表 5-4：比較 Enumeration 與 Iterator

	Enumeration	Iterator
是否可移除集合元素	否	是
方法名稱的長度	較長	較短
取出元素內容值	無順序性	有順序性

Enumeration 與 Iterator 皆只能向下讀取走訪，若要往上讀取走訪就必須使用 ListIterator。

ListIterator

在宣告上，ListIterator 介面是繼承 Iterator 介面。

```
public interface ListIterator<E> extends Iterator<E>
```

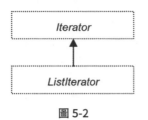

圖 5-2

<E> 是泛型的定義，有關泛型會在後面的章節中介紹。

ListIterator 可幫助開發人員**直接**對指定的集合元素做新增、修改與刪除的動作，並取得目前元素在 list 集合中的位置（Iterator's current position in the list），同時可上下移動的讀取集合中元素的內容，而 Enumeration 與 Iterator 只能往下讀取下一個集合元素資料。

在 ListIterator 集合中每一個元素之間都有一個 cursor position(Index)，使 ListIterator 可以利用 Index 值來取得下一個元素（next() 方法）與上一個元素（previous() 方法），如圖 5-3。

```
         Element(0)    Element(1)    Element(2)    …Element(n)
      ^            ^            ^            ^            ^
index 0            1            2            3            n+1
```

圖 5-3：ListIterator 運作圖

若指定元素不存在，系統將傳回 UnsupportedOperationException 例外，而每一個元素的前後都會有一個 Index。

表 5-5：ListIterator 的方法

方法名稱	傳回值	說明
add(Object o)	void	加入一個指定的元素 o 到 list 集合中。
hasNext()	boolean	判斷是否還有下一個 list 元素，若有則傳回 true，反之則傳回 false。
hasPrevious()	boolean	判斷是否還有上一個 list 元素，若有則傳回 true，反之則傳回 false。

方法名稱	傳回值	說明
next()	Object	指向並回傳下一個 list 元素。
nextIndex()	int	傳回下一個 list 元素的鍵值並指向該 list 元素。
previous()	Object	指向並回傳上一個 list 元素。
previousIndex()	int	傳回上一個 list 元素的鍵值並指向該 list 元素。
remove()	void	移除目前在 list 中所指向的元素。
set(Object o)	void	以所指定的元素 o 替換目前所指向的 list 元素（list 元素內容替換）。

集合的四個特性包含了：排序性、順序性、重複性、鍵值。

1. **排序性（Sorted）：**

   利用實作 equals() 方法將集合元素內容作遞增排序（自然排序法）的動作。

2. **順序性（Ordered）：**

   又可稱之為次序性，其排列方式是依照某一種特定的順序擺放（依照加入元素的順序、依照 index 或是最後的存取次序（last access ordered）…等），而取出時也會依照當時的特定順序依序取出（例如：抽取撲克牌由上面一張一張的依序取出）。

3. **重複性（Duplicates）：**

   是否允許出現／存放重複的物件在集合元素中。

4. **鍵值（Use Key）：**

   使用鍵值來參考到真正物件所存放的位置，每一個在集合元素中所存放的物件都有相對應的鍵值，鍵值必須唯一，每一個鍵值最多只能對應一個元素。

表 5-6：集合的特性與介面 / 類別關係表（一）

特性	集合介面 / 類別
排序性	SortedSet、SortedMap、TreeMap、TreeSet
順序性	List LinkedHashMap、LinkedHashSet (insertion) ArrayList、Vector、LinkedList (index)
不允許重複	Set、SortedSet、LinkedHashSet
鍵值的使用	Map、SortedMap、HashMap、Hashtable、LinkedHashMap

表 5-7：集合的特性與介面 / 類別關係表（二）

集合介面	排序性	順序性	不允許重複	使用鍵值
SortedSet	●		●	
SortedMap	●			●
HashMap				●
Hashtable				●
TreeMap	●			●
LinkedHashMap		●		●
HashSet			●	
TreeSet	●		●	
LinkedHashSet		●	●	
ArrayList		●		
Vector		●		
LinkedList		●		

表 5-8：集合的子介面 / 類別

介面	集合子介面 / 類別
Set	SortedSet、HashSet、TreeSet、LinkedHashSet
List	ArrayList、Vector、LinkedList
Map	SortedMap、HashMap、Hashtable、TreeMap、LinkedHashMap

在技術上，Map 所結合的族群不實作 Collection interface。

5-5 Set 介面

Set 介面實作了 Collection 介面，因此也包含了 Collection 中所有的方法。

```
public interface Set extends Collection
```

Set 中所放置的元素是無順序性的（unordered），並且元素與元素之間不得重複（no duplicates）。在實作上，Set 會利用 equals() 來判斷所加入的元素內容是否重複，因此 Set 不允許擺放相同的資料。所以我們可以說，Set 是一種元素間具有獨一性的集合。

5-5-1 HashSet 類別

```
public class HashSet<E>
extends AbstractSet<E>
implements Set<E>, Cloneable, Serializable
```

HashSet 是一種元素內容沒有順序性、沒有排序性且元素之間不允許重複的 non thread-safe 集合。為了提升存取效率，HashSet 是利用 hashCode() 來搜尋指定的元素。在 HashSet 中，每個元素都必須定義一個 hashCode()，實務上可利用 HashSet 來達到快速搜尋的效果。

所謂 hashCode 是一個經過數學公式計算所得的數值，每個物件都可以計算出適合自己的數值，並透過雜湊表（Hash tables）的查找提供給外界尋找物件。

【HashSet 範例程式】

```
01    package book.java7.chapter7;
02    import java.util.*;
03    public class Ex_HashSet {
04        public static void main(String[] args) {
05            HashSet hs = new HashSet();
```

```
06          hs.add("SCJP");      ◄·············
07          hs.add("SCWCD");                    ┆·········· 利用 add() 加入元素內容
08          hs.add("SCBCD");                    ┆
09          hs.add("SCMCD");     ◄·············
10          Iterator it = hs.iterator();
11          while(it.hasNext()){
12              String data = (String)it.next();   ◄············· 適當的轉型
13              System.out.print(data + ", ");
14          }
15      }
16  }
```

執行結果：

```
SCBCD, SCWCD, SCMCD, SCJP,
```

程式第 6～9 行利用 add() 加入任意 Object 來當作集合元素。程式第 10 行利用 iterator() 擷取 HashSet 的 iterator 走訪器。程式第 12 行透過 next() 取出目前所指向的集合元素內容。記得要轉型！因為 next() 的回傳值是 Object 的資料型態。

除了透過走訪物件 iterator 來走訪元素內容，也可透過 toArray() 來將集合內容轉換成 Object[]，並透過 for-loop 或 for-each 依序取出。

5-5-2　LinkedHashSet 類別

```
public class LinkedHashSet<E>
extends HashSet<E>
implements Set<E>, Cloneable, Serializable
```

LinkedHashSet 是一種在元素間使用 doubly-linked 相互鏈結的集合。也就是每一個元素（element）都含有 next 與 previous 節點來指向其他元素（elements）。

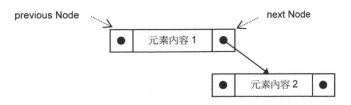

圖 5-4

相對於 HashSet，LinkedHashSet 的元素內容擺放是具有順序性的（根據加入的順序 insertion order），在使用上若希望將 HashSet 的內容透過特定的方式（例如當初加入元素內容的順序）依序取出（iteration order），可以在程式實作時將 HashSet 集合轉換成 LinkedHashSet 集合。

```
HashSet hs = new HashSet();
hs.add(stuff) ...  // 自行加入元素資料
```

此時的 HashSet 物件集合 hs「**無法保證**」每次走訪（iterator）集合元素內容時，都能透過特定的次序依序取出。

```
LinkedHashSet lhs = new LinkedHashSet(hs);
```

hs 經由 LinkedHashSet 所建立新的 LinkedHashSet 物件集合 lhs，會在每次走訪（iterator）集合元素時，透過最近一次的存取次序（last access ordered）依序取出元素內容。

5-5-3　SortedSet 介面與 TreeSet 類別

TreeSet 類別實作了 SortedSet 介面，因此預設會將元素內容做自然排序，也就是按照字母順序作遞增排列（the natural ordering is alphabetical）。

```
public interface SortedSet<E> extends Set<E>
```

表 5-9：SortedSet 常用的方法

方法名稱	傳回值	說明
comparator()	Comparator	傳回一個 Comparator 物件，若傳回值為 null，表示將以自然排序法排序。
first()	Object	傳回目前第一個元素。
headSet(Object toElement)	SortedSet	回傳一個 Set 的子集合，所產生出來的子集合其元素內容必須都小於指定元素 toElement。
last()	Object	傳回最後一個元素。
subSet(Object fromElement, Object toElement)	SortedSet	回傳一個 Set 的子集合，所產生出來的子集合其元素內容範圍必須介於 fromElement 與 toElement 之間，但不包含 toElement。
tailSet(Object fromElement)	SortedSet	回傳一個 Set 的子集合，所產生出來的子集合其元素內容範圍必須大於或等於 fromElement。

 TreeSet 類別

```
public class TreeSet<E>
extends AbstractSet<E>
implements NavigableSet<E>, Cloneable, Serializable
```

```
public interface NavigableSet<E>
extends SortedSet<E>
```

TreeSet 除了具有排序性（按照字母排序）之外，其內部運作是基於紅黑樹（red-black tree，一種二元平衡樹）的資料結構所實作的。另外在 TreeSet 的集合元素中必須都是相同的資料型別且不可以為 null。

 NOTE 紅黑樹是一種二元搜尋的平衡樹，每一個節點可以有紅色或黑色。所有的葉子（leaves）都必須是黑色，若節點被漆成紅色表示此節點下一定有二個子節點，且二個子節點都是黑色的。

紅黑樹的意義在於：雖希望能做出一棵黑色的二元平衡樹，但現實上難以達成，所以允許有紅色的節點穿插在其中以維持樹的平衡，不過紅色節點數目的多寡與樹的平衡有很大的關係與影響。

【 TreeSet 範例程式 】

```java
01   package book.java7.chapter7;
02   import java.util.*;
03   public class Ex_TreeSet {
04       public static void main(String[] args) {
05           HashSet hs = new HashSet();
06           hs.add("SCJP");
07           hs.add("SCWCD");
08           hs.add("SCBCD");           ........ 將 hs 放入到 TreeSet 中
09           hs.add("SCMCD");
10           TreeSet ts = new TreeSet(hs);
11           Iterator it = ts.iterator();
12           while(it.hasNext()){
13               String data = (String)it.next();
14               System.out.print(data + ", ");
15           }
16       }
17   }
```

執行結果：

SCBCD, SCJP, SCMCD, SCWCD,   ◀·············· 自然排序

程式第 10 行將 hs（HashSet 集合物件）放到 TreeSet 集合中，所以程式第 12 ～
15 行透過 iterator 走訪器所走訪出來的元素內容將根據自然排序的順序依序取出。

List 集合族群是所有集合當中最像陣列的集合，每一個集合元素都有像陣列一樣的 index 索引值，並且可以在加入集合元素時就給定索引值 add(int index, Object obj)。另外，也可以透過 get(int index) 根據該 index 索引值找到當下的集合元素內容。

```
public interface List<E> extends Collection<E>
```

List 繼承了 Collection 介面，並包含了 Collection 中所有的方法。List 中的元素有順序性（按照 index 排序），且資料可以重複（duplicates are permitted），此外也可以利用 List 介面，插入或移除指定的集合元素。

List 常用方法

List 介面因繼承 Collection 介面所以包含 Collection 中所有的方法，以下僅說明 List 介面新增加的方法。

表 5-10：List 常用方法

方法名稱	傳回值	說明
add(Object o)	boolean	從 List 的末端（the end of this list）加入指定物件 element。
add(int index, Object element)	void	沒有傳回值。將指定物件 element 加到 List 所指定的索引（index）位置。
addAll(Collection c)	boolean	從 List 的末端（the end of this list）加入指定集合 c 中的所有元素。
addAll(int index, Collection c)	boolean	將指定集合 c 中的所有元素加到 List 所指定的索引（index）位置之後。
get(int index)	Object	取得 List 中指定索引位置的元素。
indexOf(Object o)	int	回傳指定物件 o 在 List 上的第一個索引位置。傳回值若為 -1，表示 List 集合物件元素中並沒有包含指定物件 o。

方法名稱	傳回值	說明
lastIndexOf(Object o)	int	回傳指定物件 o 在 List 上最後一個索引位置。
listIterator()	ListIterator	回傳一個 ListIterator 物件。
remove(int index)	Object	移除 List 中指定索引位置的元素，並傳回被移除的元素。
subList(int fromIndex, int toIndex)	List	在 List 上回傳一個索引位置從 fromIndex 到 toIndex 的片段 List 物件。該片段物件包含 fromIndex 所指的元素，但不包含 toIndex 所指的元素（fromIndex, inclusive, and toIndex, exclusive）。

5-6-1 ArrayList 類別

```
public class ArrayList<E>
extends AbstractList<E>
implements List<E>, RandomAccess, Cloneable, Serializable
```

ArrayList 其實就是一種伸縮自如的 Array，並擁有較優的隨機存取機制（fast iteration and access）。ArrayList 是有順序性的（by index）。ArrayList 也是最容易被了解的一種集合物件，因為它和 Array 一樣，只是它可以自由地擴增容量，實作時只要用 add() 與 get() 二個方法來置入與取出元素物件即可。

【 ArrayList 範例程式 】

```
01    package book.java7.chapter7;
02    import java.util.*;
03    public class Ex_ArrayList {
04        public static void main(String[] args) {
05            ArrayList al = new ArrayList();
06            al.add("SCJP");
07            al.add("SCWCD");
08            al.add("SCBCD");            ············· 取得 ListIterator
09            al.add("SCMCD");
10            ListIterator it = al.listIterator();
11            while(it.hasNext()){
12                int index = it.nextIndex();   ◄············· 取得 index
13                String data = (String)it.next();
14                System.out.print(index + "=" + data + ", ");
15            }
16            System.out.println();
17        }
18    }
```

執行結果：

```
0=SCJP, 1=SCWCD, 2=SCBCD, 3=SCMCD,   ◄················· 根據 index 排列
```

5-6-2 Vector 與 Stack 類別

```
public class Vector<E>
extends AbstractList<E>
implements List<E>, RandomAccess, Cloneable, Serializable
```

Vector 是 Java 的原始集合，其特性與 ArrayList 相同，唯一不同的是，在多執行緒的機制之下，Vector 在同步維護上是 thread-safe 的，但 ArrayList 不是。Vector 的原始碼中所有對外的 public 方法都加上了 synchronized 修飾字，這也讓 Vector 在效率上就比 ArrayList 來得差，所以除非在實作上必須要將 thread-safe 的問題考慮進去，才會建議使用 Vector，否則還是以實作 ArrayList 為主。

NOTE 若是利用 Netbeans 7.X 來開發 Java 程式在宣告 Vector 集合時會發生 Obsolete Collection 的警告，這並不是表示 Vector 已經過時不建議使用（deprecated），而是在提醒開發者說因爲 Vector 是屬於同步的集合，若是在單執行緒的環境來實作則不建議使用，應使用 ArrayList 等其他非同步的集合）。

 ## Stack 類別

```
public class Stack<E> extends Vector<E>
```

Stack 類別是 Vector 的子類別，它支援堆疊後進先出的原則（last-in-first-out，LIFO），並可利用 push() 加入元素內容，peek() 與 pop() 取得集合內元素的資料，peek() 與 pop() 的差別在於，pop() 在取得元素內容後會將該元素刪除，而 peek() 不會。

 NOTE Hashtable、Vector 與 Stack 這三個集合（又被稱作原始集合，original collection）類別中所有的方法都被宣告成 synchronized。

5-6-3 LinkedList 類別

```
public class LinkedList<E>
extends AbstractSequentialList<E>
implements List<E>, Deque<E>, Cloneable, Serializable
```

LinkedList 和 LinkedHashSet 一樣，元素間會使用 doubly-linked 相互鏈結。在使用上，LinkedList 與 ArrayList 一樣都有順序性（by index），不過在走訪元素的效率上比 ArrayList 來得差，唯獨在新增與刪除元素的機制上會比 ArrayList 好些。

在效能評比上，以查詢走訪元素（iteration）而言，ArrayList 優於 LinkedList。而就新增／刪除元素方面，則 LinkedList 優於 ArrayList。

5-6-4 Queue 介面

```
public interface Queue<E> extends Collection<E>
```

Queue 是一種先進先出（FIFO, first-in-first-out）的集合，這也是 JavaSE 5.0 提供的新集合。要使用 Queue 的特性，首先請不要使用 add() 與 remove() 這二個標準的新增／移除元素指令。因為在 Queue 中使用這二個方法會丟出一個例外且必須加以處理，使用上比較繁瑣（當然你堅持要用也是可以），建議以 offer() 與 poll() 這二個方法來取代。

表 5-11：Queue 介面新增加的方法

方法名稱	傳回值	說明
offer(E o)	boolean	在 Queue 中加入一個指定的元素內容，加入成功則回傳 true，反之則回傳 false。
peek()	E	從 Queue 的最頭開始取得該元素內容但不移除，若該 Queue 是空的則會回傳 null。
element()	E	從 Queue 的最頭開始取得該元素內容但不移除，若該 Queue 是空的則會丟出一個例外。
poll()	E	從 Queue 的最頭開始一邊取得元素內容一邊移除該元素，若該 Queue 是空的則會回傳 null。
remove()	E	從 Queue 的最頭開始一邊取得元素內容一邊移除該元素，若該 Queue 是空的則會丟出一個例外。

在技術上，實作 Queue 介面的是 LinkedList 類別，所以 LinkedList 可以當成一般 List 使用，也可以當作具有 Queue 特性的集合來使用。

【 Queue 範例程式一 】

```
01    package book.java7.chapter7;
02    import java.util.*;
03    public class Ex_Queue {
04        public static void main(String[] args) {
05            Queue q = new LinkedList();
06            q.offer("First");        利用 offer() 增加 Queue 元素，當然你也可以使用
07            q.offer("Second");       add() 不過就要注意 exception 的問題。
08            q.offer("Third");
09            Object o;
10            System.out.println(q.toString());
11            while((o = q.poll()) != null) {    透過 poll() 邊取得元素
12                String s = (String)o;          內容邊移除該元素。
13                System.out.println(s);
14            }                                  因為沒有使用 " 泛型 " 所以
15            System.out.println(q.toString());  請記得轉型。
16        }
17    }
```

執行結果：

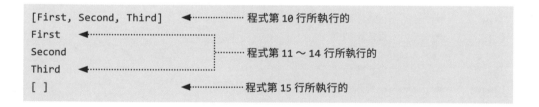

```
[First, Second, Third]    ◀········· 程式第 10 行所執行的
First                     
Second                    ·········· 程式第 11 ～ 14 行所執行的
Third                     
[ ]                       ◀········· 程式第 15 行所執行的
```

程式第 15 行會成為 [ ]（Queue 中沒有任何元素）是因為程式第 11 ～ 15 行使用
了 poll() 來取得 Queue 元素內容。poll() 的特性是取得元素內容後就會把該元素
刪除，這就是程式第 15 行會成為 [ ] 的原因。

【 Queue 範例程式二 】 poll() vs peek()

```
01  package book.java7.chapter7;
02  import java.util.*;
03  public class Ex_Queue2 {
04      public static void main(String[] args) {
05          Queue q1 = new LinkedList();
06          q1.offer("Java");
07
08          Queue q2 = new LinkedList();
09          q2.offer("Java");
10
11          System.out.println(q1.poll());
12          System.out.println(q1.toString());
13          System.out.println();
14          System.out.println(q2.peek());
15          System.out.println(q2.toString());
16      }
17  }
```

執行結果：

```
Java       ◄·············· 程式第 11 行
[ ]        ◄·············· 程式第 12 行

Java       ◄·············· 程式第 14 行
[Java]     ◄·············· 程式第 15 行
```

現在應該很清楚 poll() 與 peek() 的差別了！

1. **poll()**：從 Queue 的起點開始取得元素內容並同時「**移除**」該元素，若 Queue 是空的則會回傳 null。

2. **peek()**：從 Queue 的起點開始取得該元素內容但「**不移除**」它，若 Queue 是空的則會回傳 null。

NOTE

Queue 是先進先出（FIFO）的集合，Stack 是後進先出（LIFO）的集合。
實作 Queue 介面的類別是 LinkedList，Stack 則是 Vector 的子類別。

利用 PriorityQueue 自行撰寫排序法則

PriorityQueue 集合讓程式開發人員可以輕易地撰寫自己想要的排序規則。只要
實作 Comparator 這個 interface 以及裡面所提供的 compare() 抽象方法，最後
將該物件放到 PriorityQueue() 建構子中，所建立的 PriorityQueue 集合就會依照
compare() 邏輯排序元素內容。如果不想實作 Comparator 這個 interface 也可以
使用 PriorityQueue 預設的自然法則來排序。

【範例】使用 PriorityQueue 預設的自然法則依序取出元素內容

```
01    package book.java7.chapter7;
02    import java.util.*;
03    public class Ex_PriorityQueue1 {
04        public static void main(String[] args) {
05            PriorityQueue<String> pq = new PriorityQueue<String> ();
06            pq.offer("c");
07            pq.offer("a");
08            pq.offer("b");
09            String s;
10            while((s = pq.poll()) != null) {
11                System.out.print(s + ", ");
12            }
13        }
14    }
```

執行結果：

```
a, b, c,
```

自訂排序規則─實作 Comparator 介面，透過這 PriorityQueue 類別所提供的建構子，將所設計好的 Comparator 物件置入：

```
public PriorityQueue(int initialCapacity,
                     Comparator<? super E> comparator)
```

initialCapacity 是初始容積空間，comparator 則為 Comparator 物件。

【範例】

```
01   package book.java7.chapter7;
02   import java.util.*;
03   public class Ex_PriorityQueue2 {
04       public static void main(String[] args) {
05
06           Comparator<String> c = new Comparator<String>()
07                           {
08                               public int compare(String a, String b){
09                                   return a.compareTo(b) * -1;
10                               }                              由大到小排列法則
11                           };
12
13           PriorityQueue<String> pq = new PriorityQueue<String> (3, c);
14           pq.offer("c");
15           pq.offer("a");
16           pq.offer("b");
17           String s;
18           while((s = pq.poll()) != null) {
19               System.out.print(s + ", ");
20           }
21       }
22   }
```

執行結果：

```
c, b, a,
```

5-7 ▶ Map 介面

```
public interface Map<K,V>
```

Map 在技術上並沒有繼承（extends）集合介面（Collection interface），它被歸類為集合架構（Collection architecture）的一部份，是因 Hashtable 與 HashMap 這二個集合類別分別都實作了 Map 介面，廣義來說 Map 便成了集合架構中的一環。

Map 中利用指定的鍵值（key）來決定元素擺放位置，鍵值不得重複，每一個鍵值最多只能對應一個元素，雖鍵值不得重複，不同的鍵值卻允許儲存重複的元素內容，Map 最大的好處就是可以個別操作 keys（鍵值）與 values（元素內容），以增加程式在實作上的彈性。

表 5-12：Map 的常用方法

方法名稱	傳回值	說明
clear()	void	清除 Map 所有資料。
containsKey(Object key)	boolean	若指定的 key 物件存在於 Map 中則會傳回 true。
containsValue(Object value)	boolean	若指定的 value 物件存在於 Map 中則會傳回 true。
entrySet()	Set	將 Map 以 Set 型態傳回。
equals(Object o)	boolean	將指定物件 o 與 Map 做比較。
get(Object key)	Object	利用 key 指向 Map 中指定的元素並傳回。
hashCode()	int	傳回 Map 的 hash code。
isEmpty()	boolean	判斷 Map 中是否是空的。
keySet()	Set	將 Map 中所包含的 keys 以 Set 型態傳回。
put(Object key, Object value)	Object	將所指定的 key 與 value 放入到 Map 中。

方法名稱	傳回值	說明
putAll(Map m)	void	將所指定的 m（Map 物件）整份複製到 Map 中。
remove(Object key)	Object	利用 key 指向 Map 中指定的元素並移除。
size()	int	將 Map 中所有 key-value 個數傳回。
values()	Collection	將 Map 中所包含的 values 以 Collection 型態傳回。

在 Map 集合中加入元素是利用 put(Object key, Object value) 與 putAll(Map map)，取得元素內容則用 get(Object key)，回傳的資料型別是 Object。

取得 Map 集合中的所有 keys（鍵值）可以使用 keySet()，它會將 Map 中所包含的 keys 以 Set 的集合型態傳回。取得 Map 集合中的所有 values（元素內容）可以使用 values()，它會將 Map 中所包含的 values 以 Collection 的集合型態傳回。

5-7-1　HashMap 類別

```
public class HashMap<K,V>
extends AbstractMap<K,V>
implements Map<K,V>, Cloneable, Serializable
```

HashMap 是 hash table based 的 Map 集合，也是一種無順序性 (unordered) 且無排序性 (unsorted) 的 Map 集合。HashMap 有一個特點那就是 keys（鍵值）與 values（元素內容）的內容皆可為 **null**。

【HashMap 範例程式】

```
01    package book.java7.chapter7;
02    import java.util.*;
03    public class Ex_HashMap {
04        public static void main(String[] args) {
05            HashMap map = new HashMap();
06            map.put("A", "SCJP");
07            map.put(100, 100);
08            map.put(new Object(), "SCBCD");
09            map.put(null, null);
```

```
10          System.out.println(map.toString());
11          System.out.println("key=A : " + map.get("A"));
12          System.out.println("key=B : " + map.get("B"));
13      }
14  }
```

執行結果：

```
{100=100, java.lang.Object@35ce36=SCBCD, A=SCJP, null=null}
key=A : SCJP
key=B : null
```

程式第 6 ～ 9 行，在 HashMap 中透過 put 置入不同型別的鍵值與元素內容，甚至是 null。程式第 11 行可利用 map.get("A") 取得元素內容 "SCJP"。如果所存取的 key 並不存在於該集合中，例如程式第 12 行 map.get("B")，則在執行階段時並不會產生 exception，而是會回傳 null。

表 5-13：null key 與 null value

Map 集合類別	鍵值 key	元素內容 value
HashMap	允許 null	允許 null
Hashtable	No	No
LinkedHashMap	允許 null	允許 null
TreeMap	No	No

5-7-2 Hashtable 類別

```
public class Hashtable<K,V>
extends Dictionary<K,V>
implements Map<K,V>, Cloneable, Serializable
```

Hashtable 是 Java 原始集合的成員之一，基本上 Hashtable 與 HashMap 都是 hash table based 的 Map 集合，也是一種無順序性（unordered）且無排序性（unsorted）的 Map 集合。不同的是，Hashtable 是 thread-safe，HashMap 則不是。Hashtable 的鍵值與元素內容不得置入 null，但 HashMap 可以。

5-7-3 LinkedHashMap 類別

```
public class LinkedHashMap<K,V>
extends HashMap<K,V>
implements Map<K,V>
```

LinkedHashMap 與 LinkedHashSet 一樣，是依照元素加入次序（insertion order）的順序性集合，除了順序性之外，其他的特性大致上與 HashMap 相同。在效能評比上，以查詢走訪元素（iteration）而言，LinkedHashMap 優於 HashMap。就新增／刪除元素方面來說，HashMap 優於 LinkedHashMap。

5-7-4 SortedMap 介面與 TreeMap 類別

```
public interface SortedMap<K,V> extends Map<K,V>
```

SortedMap 可根據元素的 key 值做自然排序，SortedMap 中 key 值不得重複也不得爲空值（null）。每個 SortedMap 的鍵值都會實作 java.util.Comparator 介面，判斷是否出現重複的鍵值，但元素內容（所儲存的物件）允許重複。

表 5-14：Comparator 介面中的二個方法

方法名稱	傳回值	說明
compare(T o1, T o2)	int	可以比較 o1 與 o2 的大小，若 o1 > o2 則傳回值 > 0，若 o1 < o2 則傳回值 < 0，若 o1 = o2 則傳回值 = 0。基本上 SortedMap 就是利用該方法來決定出鍵值彼此之間的大小以實作出自然排序。
equals(Object obj)	boolean	判定所置入的鍵值是否重複？例如：o1.equals(o2)，若 o1 等於 o2 則回傳 true，反之回傳 false。

表 5-15：SortedMap 常用的方法

方法名稱	傳回值	說明
comparator()	Comparator	傳回一個 Comparator 物件，若傳回值爲 null 表示將以自然排序法排序。
firstKey()	Object	傳回目前鍵值最低的物件。

方法名稱	傳回值	說明
headMap(Object toKey)	SortedMap	回傳一個 Map 的子集合，所產生出來的子集合其鍵值必須都小於指定鍵值 toKey。
lastKey()	Object	傳回目前鍵值最高的物件。
subMap(Object fromKey, Object toKey)	SortedMap	回傳一個 Map 的子集合，所產生出來的子集合其鍵值範圍必須介於 fromKey 與 toKey 之間，但不包含 toKey。
tailMap(Object fromKey)	SortedMap	回傳一個 Map 的子集合，所產生出來的子集合其鍵值範圍必須大於或等於 fromKey。

TreeMap 類別

```
public class TreeMap<K,V>
extends AbstractMap<K,V>
implements NavigableMap<K,V>, Cloneable, Serializable
```

```
public interface NavigableMap<K,V>
extends SortedMap<K,V>
```

TreeMap 類別實作了 SortedMap 介面，所以 TreeMap 具有排序性（自然排序）。TreeMap 與 TreeSet 一樣是基於 red-black tree（紅黑樹）演算法所實作出來的集合。在實作上，TreeMap 所置入的鍵值必須是同一種資料型別，否則在執行時期會產生 java.lang.ClassCastException 的例外。

```
TreeMap map = new TreeMap();
map.put("A", "SCJP");
map.put(new Integer(100), new Integer(100));
map.put(new Object(), "SCBCD");
```
✗

```
TreeMap map = new TreeMap();
map.put("A", "SCJP");
map.put("B", new Integer(100));
map.put("C", "SCBCD");
```
○

MTA JAVA 模擬測驗

第四部分

1 ▶ MTA Java 考試簡介

MTA Java 是由微軟所主辦的第三方專業認證考試。

【對象】

Java 育成教育學生，教師，或是想成爲入門級軟件開發人員。

【報考資格】

考生應具有至少 150 個小時的經驗或掌握 Java 的相關開發經驗，熟悉其特性和功能，並了解如何編寫、偵錯校正和維護良好的 Java 代碼。

【考試版本】

Java SDK 考試版本是使用 Java 6 SE 或更高版本。

【考試範圍】

1. 理解 Java 基礎知識（15-20%）

2. 使用資料數據類型，變數和運算式（40-45%）

3. 實施流程控制（15-20%）

4. 執行物件導向的編程（10-15%）

5. 編譯和偵錯程式碼（5-10%）

【認證徽章】

通過考試即可獲得認證徽章讓世界了解您的成就，並可讓您以可信和可驗證的方式輕鬆分享您的技能。

認證徽章使您能夠：

1. 通過網際網路輕鬆分享您的認證和考試。

2. 了解哪些雇主正在尋找像您這樣擁有該技術的個人。

3. 了解需要具備此技能的工作所需的薪水。

4. 搜索與您的認證相關的新工作機會。

更多認證徽章的好處，請參考下方連結：

https://www.microsoft.com/en-us/learning/badges.aspx

【 考試費用與報考方式 】

請參考 MTA Java 官方網站：

https://www.microsoft.com/en-us/learning/exam-98-388.aspx

1
2
3
4
5

注意！以下考題皆爲筆者所搜集的類模擬試題，僅供讀者參考。實際題目應以 MTA Java 官方考試認證爲準！

🔊 **試題 1**

試寫一個接受命令引數（參數）列的 Java 主控台應用程式。此程式必須將每個命令引數顯示在一個單獨列中。請問要如何完成此程式碼？

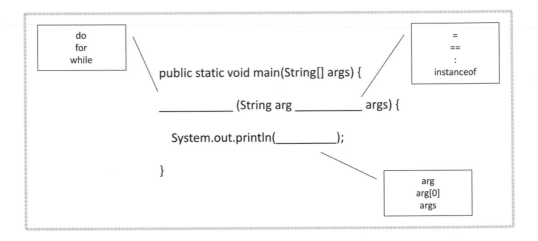

🎯 **答案**

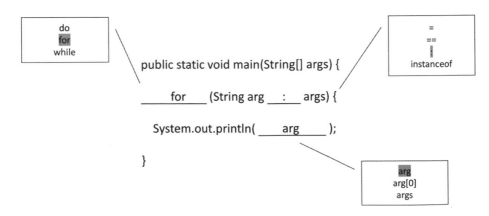

◀)) 試題 2

試評估下方計算獎學金金額的 Java 方法。

```
static double calculateAward (double gpa, int satScore, int actScore) {
    double award = 0;
    if(gpa >= 3.7 && (satScore >= 1200 || actScore >= 26)) {
        award = 30000;
    } else if(gpa >= 3.0 || satScore >= 1200 || actScore >= 26) {
        award = 15000;
    }
    return award;
}
public static void main(String[] args) {
    System.out.println(calculateAward(3.2, 1100, 28));
    System.out.println(calculateAward(2.7, 1500, 30));
    System.out.println(calculateAward(3.7, 1300, 23));
}
```

第三部分

✲→) 答案

```
static double calculateAward (double gpa, int satScore, int actScore) {
    double award = 0;
    if(gpa >= 3.7 && (satScore >= 1200 || actScore >= 26)) {
        award = 30000;
    } else if(gpa >= 3.0 || satScore >= 1200 || actScore >= 26) {
        award = 15000;
    }
    return award;
}
public static void main(String[] args) {
    System.out.println(calculateAward(3.2, 1100, 28));
    System.out.println(calculateAward(2.7, 1500, 30));
    System.out.println(calculateAward(3.7, 1300, 23));
}
```

15000.0
15000.0
30000.0

◀)) 試題 **3**

試建立一個 if 陳述式，在符合下列條件下評估為 true：

- sum 的值等於或大於 num 的值
- cnt 的值小於 num 的值

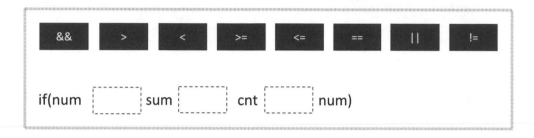

答案

◀)) 試題 4

請試著在不變動功能的情況下，重構下方程式碼。

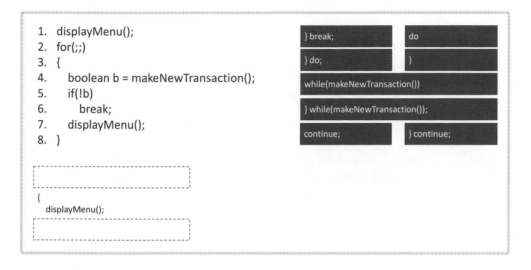

```
1.  displayMenu();
2.  for(;;)
3.  {
4.     boolean b = makeNewTransaction();
5.     if(!b)
6.        break;
7.     displayMenu();
8.  }
```

} break;	do
} do;	}
while(makeNewTransaction())	
} while(makeNewTransaction());	
continue;	} continue;

```
_____

{
   displayMenu();
_____
```

▶◉ 答案

```
do

{
   displayMenu();

} while(makeNewTransaction());
```

此方法必須符合以下要求：

- ■ 接受一個名爲 age 的 int 參數。

- ■ 當 age 等於或大於 65 歲。Classification 的值爲 senior。

- ■ 當 age 等於或大於 20 歲，但小於 65 歲，Classification 的值爲 adult。

- ■ 其他情況下，classification 的值爲 youth。

```
public static String ageClassification(int age) {
    String classification;
    _____
        classification = "sensor";
    _____
        classification = "adult";
    _____
    classification = "youth";
    return classification;
}
```

```
if(age >= 65)
if(age != 65)
if(age >= 65 || age != 20)
if(age > 65)
```

```
else if (age >= 20)
else if(age >= 19)
if(age > 19)
if(age < 20)
```

```
default
else
else if (age != 20)
if(age <= 20)
```

🎯 答案

```
public static String ageClassification(int age) {
    String classification;
    if(age >= 65)
        classification = "sensor";
    else if (age >= 20)
        classification = "adult";
    else
    classification = "youth";
    return classification;
}
```

```
if(age >= 65)
if(age != 65)
if(age >= 65 || age != 20)
if(age > 65)
```

```
else if (age >= 20)
else if(age >= 19)
if(age > 19)
if(age < 20)
```

```
default
else
else if (age != 20)
if(age <= 20)
```

◀)) 試題 6

保險政策的保費儲存在一個名爲 allPremiums 的 double 陣列。試將所有政策的保費都增加 25%。

| : | ; | do | for | instanceof | while |

```
          (double premium           allPremiums) {
   premium = premium * 1.25;
}
```

答案

| : | ; | do | for | instanceof | while |

```
   for   (double premium    :    allPremiums) {
   premium = premium * 1.25;
}
```

一般入場券定價為 10 美元。此程式滿足以下需求：

■ 會員有權獲得折價券

■ 超過 65 歲的會員免入場費

■ 非會員可選擇除購買入場券外，加購會員卡，會員費用為 40 美元

```
double calculatePrice(Boolean isMember, int age, Boolean buyMembership) {
    double price;
    if(isMember) {
        _____            else if(age > 65) {
                               if(age > 65) {
        price = 0.0;           else {
    } _____
        price = 3.0;           else if(age > 65) {
    }                          if(age > 65) {
                               else {
    _____ _____
    price = 50.0;              if(buyMembership) {
    } _____              else if (buyMembership) {
    price = 10.0;              else {
    }
    return price;              else {
}                              else if(buyMembership) {
                               if(buyMembership) {
```

答案

```
double calculatePrice(Boolean isMember, int age, Boolean buyMembership) {
    double price;
    if(isMember) {
        if(age > 65)           else if(age > 65) {
                               if(age > 65) {
        price = 0.0;           else {
    } else {
        price = 3.0;           else if(age > 65) {
    }                          if(age > 65) {
    }                          else {
    if(buyMembership) {
        price = 50.0;          if(buyMembership) {
    } else {                   else if (buyMembership) {
        price = 10.0;          else {
    }
    return price;              else {
}                              else if(buyMembership) {
                               if(buyMembership) {
```

◀)) 試題 8

此 Account 類別包含下列方法：

■ 一個名爲 displayTerms 的方法可以在沒有實例化 Account 類別的情況下，被任何程式碼呼叫。

■ 一個名爲 addAccount 的實例方法可以被相同套架的類別，以及任何套件中的 Account 子類別所存取。

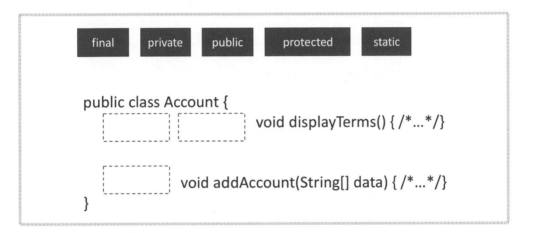

【答案】

public class Account {
    public static void displayTerms() { /*...*/}

    protected void addAccount(String[] data) { /*...*/}
}

```
public class Box {
    protected short minBoxWidth;
    protected short mxnBoxWidth;
}
```

minBoxWidth 及 maxBoxWidth 數據成員皆只能被 Box 類別存取。

A. 無須做任何改變。

B. 只能被相同套件的類別，以及繼承 Box 的類別存取。

C. 只能被沒有繼承 Box 的類別存取。

D. 能夠被所有類別存取

>>>>> 答案

B. 只能被相同套件的類別，以及繼承 Box 的類別存取。

◀)) 試題 10

一個名爲 Account 的 Java 類別。這個類別的建構函式接受 String 物件。

試建立一個名爲 SavingAccount 的類別,並且 SavingAccount 類別繼承了 Account 類別。

SavingAccount 類別的建構函式必須符合以下要求:

1. 接受一個名爲 name 的 String 參數。

2. 將 String 值爲 SavingAccount 傳遞到 Account 類別的建構函式

3. 使用 name 的建構函式參數值初始化類別成員 name。

```
  Account    extends    implements    super    this


    public class SavingsAccount  [        ]  Account {
      String name;
      public SavingsAccount(String name) {
        [          ]("SavingAccount");
        [          ].name = name;

      }
    }
```

▸◉ 答案

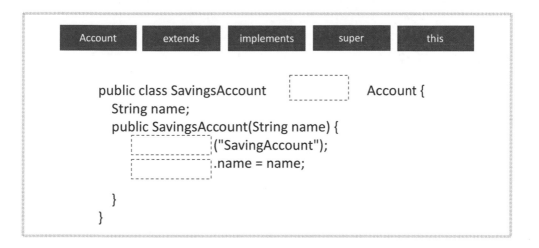

```
    public class SavingsAccount   extends    Account {
      String name;
      public SavingsAccount(String name) {
          super     ("SavingAccount");
          this      .name = name;

      }
    }
```

你在冒險工程公司擔任 Java 開發人員，您的同事建立以下程序：

```
01  public class Rectangle {
02      private int width;
03      private int length;
04      Rectangle(int width, int length) {
05          this.width = width;
06          this.length = length;
07      }
08      public int area() {
09          return this.width * this.length;
10      }
11      public int getWidth() {
12          return width;
13      }
14      public int getLength() {
15          return length;
16      }
17  }
```

合理使用此程式方式：

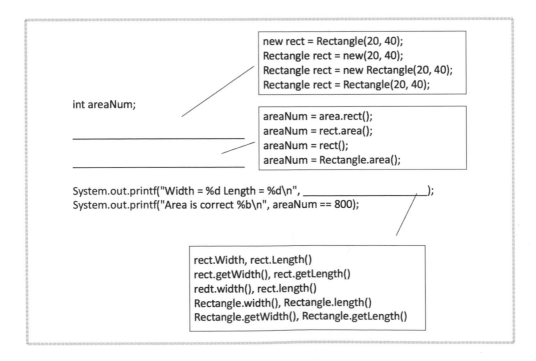

答案

int areaNum;

Rectangle rect = new Rectangle(20, 40);

areaNum = area.area();

new rect = Rectangle(20, 40);
Rectangle rect = new(20, 40);
Rectangle rect = new Rectangle(20, 40);
Rectangle rect = Rectangle(20, 40);

areaNum = area.rect();
areaNum = rect.area();
areaNum = rect();
areaNum = Rectangle.area();

System.out.printf("Width = %d Length = %d\n", rect.getWidth(), rect.getLength());

System.out.printf("Area is correct %b\n", areaNum == 800);

rect.Width, rect.Length()
rect.getWidth(), rect.getLength()
redt.width(), rect.length()
Rectangle.width(), Rectangle.length()
Rectangle.getWidth(), Rectangle.getLength()

```
public class Student {
    public String name = "Bob";
  // line1
    public String toString() {
        return name;
    }
}
```

Sutudent 類別必須使用自訂 toString 方法，而非一般方法。

你應該在 // line 1 中使用何項註釋（annotation）？

A. @Override

B. @Inherited

C. @Repetable

D. @SuppressWarnings

答案　A

```
public class Student {
    public String name = "Bob";
    @Override  // line1
    public String toString() {
        return name;
    }
}
```

🔊 試題 13

DB 的類別包含一個名為 query 的方法。

你必須實例化 DB 類別,並叫用 query 方法。

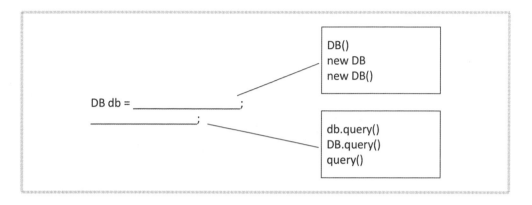

🎯 答案

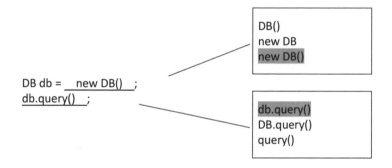

```
class Pickle {
    boolean isPreserved = false;
    private Boolean isCreated = false;
    void preserve() {
        isPreserved = true;
    }
    public static void main(String[] args) {
        Pickle pickle = new pickle();
        isCreated = true;
        pickle.preserve;
    }
}
```

當你試試著編譯此程式碼時，出現了錯誤。

應如何些修正確保可以編譯成功？

```
class Pickle {
    boolean isPreserved = false;
    private Boolean isCreated = false;
    void preserve() {
        isPreserved = true;
    }
    public static void main(String[] args) {
        _____
        _____
        _____
    }
}
```

```
Pickle pickle = new pickle();
Pickle pickle = new Pickle();
pickle pickle = new Pickle();
pickle pickle = new pickle();
```

```
isCreate = true;
Pickle.isCreated = true;
pickle.isCreated = true;
```

```
pickle.preserve;
pickle.preserve();
Pickle.preserve;
Pickle.preserve();
```

```
class Pickle {
    boolean isPreserved = false;
    private Boolean isCreated = false;
    void preserve() {
        isPreserved = true;
    }
    public static void main(String[] args) {
        Pickle pickle = new Pickle();
        pickle.isCreated = true;
        pickle.preserve();
    }
}
```

```
Pickle pickle = new pickle();
Pickle pickle = new Pickle();
pickle pickle = new Pickle();
pickle pickle = new pickle();
```

```
pickle.preserve;
pickle.preserve();
Pickle.preserve;
Pickle.preserve();
```

```
isCreate = true;
Pickle.isCreated = true;
pickle.isCreated = true;
```

試著開發一個可以讀寫的檔案的程式。程式需符合以下條件：

- 如果因為檔案處理錯誤而出現例外的情況，此例外狀況的細節必須顯示出來。

- 如果有任何其他例外狀況出現，則顯示出堆疊資料。

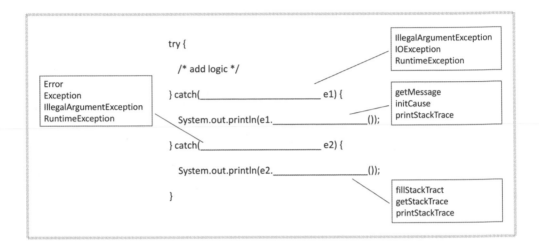

🎯 答案

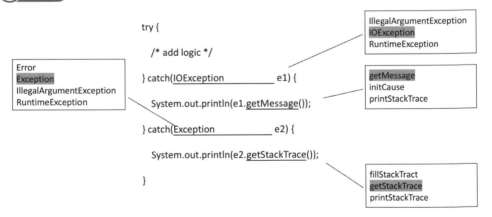

▦ 解析

printStackTract() 方法回傳 void，不可以放在 System.out.println() 內。

initCause(Throwable cause) 方法簽章必須傳入 Throwable 物件，與題意不合。

試評估下方例外狀況：

```
Exception id thread "main" java.lang.ArrayIndexOutOfBoundsException: 5
    at mtajava.Program.arrayDisplay(Program.java:31)
    at mtajava.Program.beginProcess(Program.java:23)
    at mtajava.Program.main(Program.java:18)
```

- 根造成的例外狀況是在 beginPrecess() 方法中。　　　（是）（否）

- 錯誤發生在第 31 行。　　　（是）（否）

- 在錯誤發生前，三個方法都被叫用。　　　（是）（否）

- 堆疊追蹤顯示此例外狀況是由語法錯誤造成。　　　（是）（否）

答案

- 根造成的例外狀況是在 beginPrecess() 方法中。　　**（否）**

  ➜　根造成的例外狀況是在 arrayDisplay() 方法

- 錯誤發生在第 31 行。　　**（是）**

- 在錯誤發生前，三個方法都被叫用。　　**（是）**

- 堆疊追蹤顯示此例外狀況是由語法錯誤造成。　　**（否）**

  ➜　錯誤原因是：陣列元素超過最大索引值。

評估下方程式碼：

```
double value1 = 255.255;
int value2 = (int)value1;
byte value3 = (byte)value2;
```

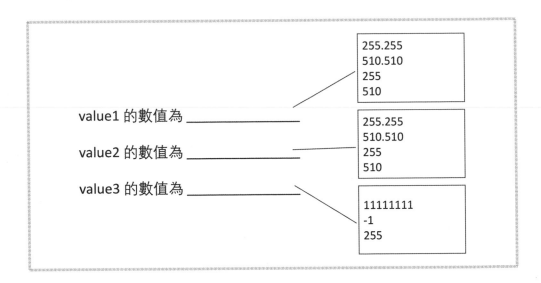

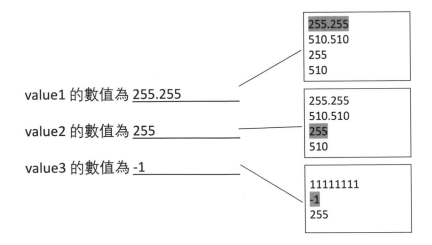

◀))) 試題 18

你正建立一個 Java 方法，這方法接受 String 參數，名爲 text 。只要符合下方任一條件，就會傳回 true：

- 內容爲 null

- 只包含一個空白字串

- 僅包含空白字元

否則將會得到 false。宣告方法如下：

```
public static boolean isNullOrEmpty(String text) {
  「作答區」
}
```

if(text.isEmpty()) return true;
return false;
if(text.trim().isEmpty()) return true;
if(text == null) return true;
if(text == "") return true;
return true;

作答區：

⊙) 答案

if(text.isEmpty()) return true;
return false;
if(text.trim().isEmpty()) return true;
if(text == null) return true;
if(text == "") return true;
return true;

作答區：

if(text == null) return true;
if(text.trim().isEmpty()) return true;
if(text == "") return true;
return false;

試評估下方程式碼：

```
01    double dNum = 1.7E308;
02    float fNum;
03    int iNum = 64;
04    char letter;
05
06    letter = (char)iNum;
07    iNum = (int)dNum;
08    fNum = 89.99;
09    dNum = fNum;
```

■ 第 6 行程式正確地將 int 值轉換成 char 值。　　　　　　（是）（否）

■ float 值可以在沒有明確轉換的狀態下，被指派到 int 變數中。（是）（否）

■ 第 8 行程式在編譯時會發生錯誤。　　　　　　　　　　　（是）（否）

■ 第 9 行的敘述需要明確的轉換（explicit casting）。　　　（是）（否）

▶◉ 答案

■ 第 6 行程式正確地將 int 值轉換成 char 值。　　　　　　　**（是）**

■ float 值可以在沒有明確轉換的狀態下，被指派到 int 變數中。**（否）**

■ 第 8 行程式在編譯時會發生錯誤。　　　　　　　　　　　　**（是）**

　　➜　應改成 fNum = (float)89.99;

■ 第 9 行的敘述需要明確的轉換（explicit casting）。　　　　**（否）**

🔊 試題 20

試評估下方程式碼：

```
01   public static void main(String[] args)
02   {
03       int x = 5;
04       int y = 7;
05       String value1 = "x + y = " + x + y;
06       System.out.println(value1);
07       String value2 = null;
08       value2 = value2 + " + x + y";
09       System.out.println(value2);
10       String value3 = "x + y + " + (x + y);
11       System.out.println(value3);
12   }
```

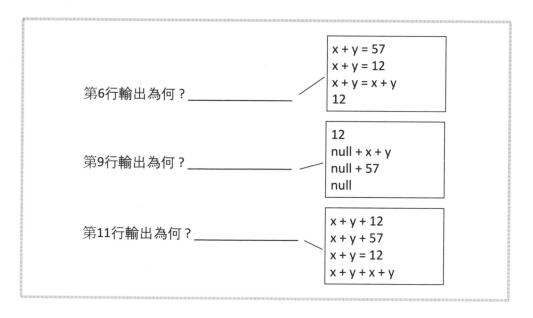

第6行輸出為何？_____

    x + y = 57
    x + y = 12
    x + y = x + y
    12

第9行輸出為何？_____

    12
    null + x + y
    null + 57
    null

第11行輸出為何？_____

    x + y + 12
    x + y + 57
    x + y = 12
    x + y + x + y

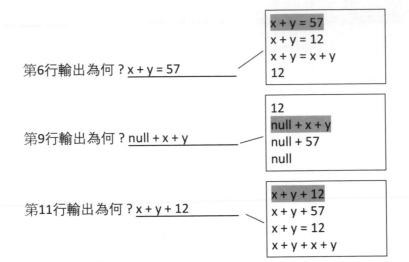

第6行輸出為何？x + y = 57

```
x + y = 57
x + y = 12
x + y = x + y
12
```

第9行輸出為何？null + x + y

```
12
null + x + y
null + 57
null
```

第11行輸出為何？x + y + 12

```
x + y + 12
x + y + 57
x + y = 12
x + y + x + y
```

你正建立一個以 ArrayList 為主的 Integer 堆疊，執行以下二個方法：

■ 利用 push 方法新增一個 Integer 加入到 ArrayList 起始端。

■ 利用 pop 方法將一個 Integer 從 arrayList 的起始端移除，並回傳已移除的 Integer。

```
public static Integer pop(ArrayList<Integer> stack) {
    int index = _____        _____
                                              0;
                                              stack.size()-1;
                                              stack.size();

    return _____        _____
                                              stack.get(index);
                                              stack.remove(index);
                                              stack.removeRange(index, index+1);
}
public static void push(ArrayList<Integer> stack, Integer item) {
    int index = _____
                                              0;
                                              stack.size()-1;
                                              stack.size();

    _____
}
                    stack.add(index, item);
                    stack.set(index, item);
```

答案

```
public static Integer pop(ArrayList<Integer> stack) {
    int index = 0;_____
                                              0;
                                              stack.size()-1;
                                              stack.size();

    return stack.remove(index);____
                                              stack.get(index);
                                              stack.remove(index);
                                              stack.removeRange(index, index+1);
}
public static void push(ArrayList<Integer> stack, Integer item) {
    int index = 0;_____
                                              0;
                                              stack.size()-1;
                                              stack.size();

    stack.add(index, item);____
}
                    stack.add(index, item);
                    stack.set(index, item);
```

下方程式碼：

```
String stringValue = "true";
```

當需要將 stringValue 的數值，轉換為 Boolean 資料型態或 Boolean 類別時，下列敘述何者正確？

A.　boolean booleanValue = stringValue;

B.　Boolean booleanValue = (Boolean)stringValue;

C.　boolean booleanValue = stringValue.getBytes();

D.　Boolean booleanValue = Boolean.parseBoolean(stringValue);

◀》 答案

D.　Boolean booleanValue = Boolean.parseBoolean(stringValue);

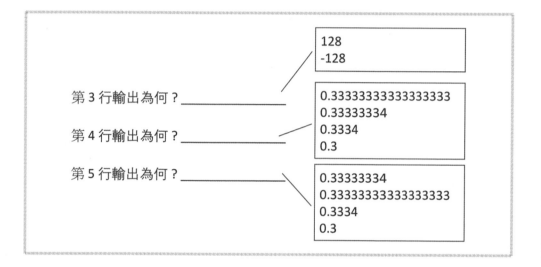

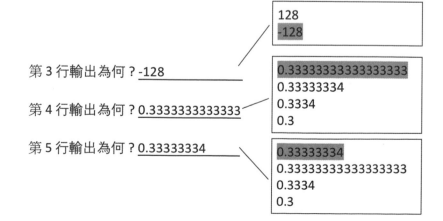

🔊 試題 23

試評估下方程式碼：

```
01  byte value1 = 127;
02  value1++;
03  System.out.println(value1);
04  System.out.println(1.0/3.0);
05  System.out.println(1.0f/3.0f);
```

128
-128

第 3 行輸出為何？_____

0.33333333333333333
0.33333334

第 4 行輸出為何？_____

0.3334
0.3

第 5 行輸出為何？_____

0.33333334
0.33333333333333333
0.3334
0.3

🎯 答案

128
-128

第 3 行輸出為何？ -128

0.33333333333333333
0.33333334
0.3334
0.3

第 4 行輸出為何？ 0.3333333333333

第 5 行輸出為何？ 0.33333334

0.33333334
0.33333333333333333
0.3334
0.3

試題 24

試評估下方程式碼：

```
int x = 50;
x += 100 % 5 + 10 * 2;
```

請問 x 的最終值為何？

A. 0

B. 10

C. 20

D. 50

E. 70

F. 110

答案

E. 70

■)) **試題 25**

您正在撰寫一個 Java 程式來初始化變數的資料型態。

請完成下列程式碼？

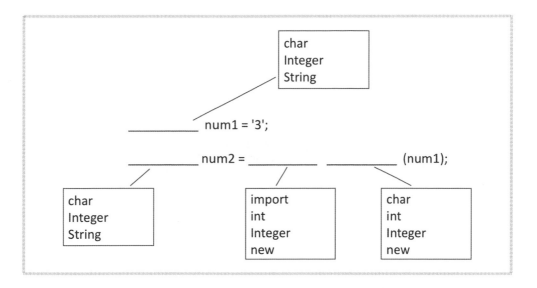

（答案）

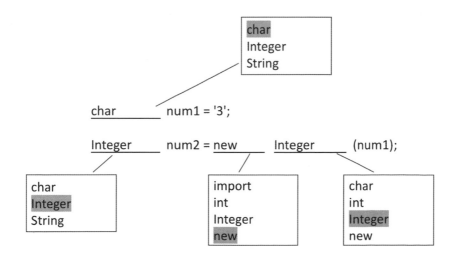

試寫一 Java 程式，此程式必須符合以下要求：

■ 取得字串變數 number 中的數值

■ 將取得的數值增加 5f，並將結過放到 sum

請問要如何完成此程式碼？

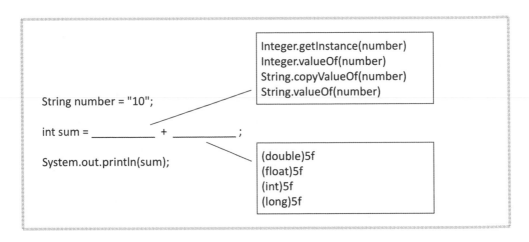

Integer.getInstance(number)
Integer.valueOf(number)
String.copyValueOf(number)
String.valueOf(number)

String number = "10";

int sum = _____ + _____ ;

System.out.println(sum);

(double)5f
(float)5f
(int)5f
(long)5f

🎯 答案

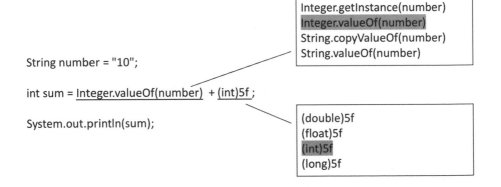

Integer.getInstance(number)
Integer.valueOf(number)
String.copyValueOf(number)
String.valueOf(number)

String number = "10";

int sum = Integer.valueOf(number) + (int)5f ;

System.out.println(sum);

(double)5f
(float)5f
(int)5f
(long)5f

📖 解析

5f 透過轉型語法 (int)5f 可得到一個 int 值。

🔊 試題 27

試初始化下方變數：

int a = 5;

double b = 3.5;

int c = 33;

float d = 0.5f;

short e = 22;

請問每一個程式碼片段的值為何？

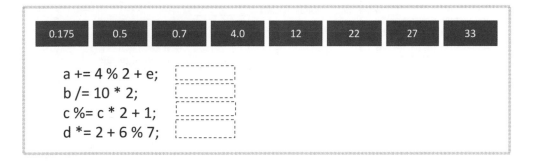

| 0.175 | 0.5 | 0.7 | 4.0 | 12 | 22 | 27 | 33 |

```
a += 4 % 2 + e;
b /= 10 * 2;
c %= c * 2 + 1;
d *= 2 + 6 % 7;
```

🎯 答案

| 0.175 | 0.5 | 0.7 | 4.0 | 12 | 22 | 27 | 33 |

```
a += 4 % 2 + e;      27
b /= 10 * 2;         0.175
c %= c * 2 + 1;      33
d *= 2 + 6 % 7;      4.0
```

試寫一 Java 方法，此程式必須符合以下條件：

- 接受一個 double 陣列
- 傳回陣列中最大的數值

請問要如何完成此程式碼？

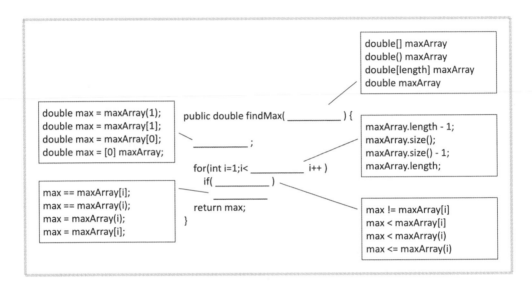

答案

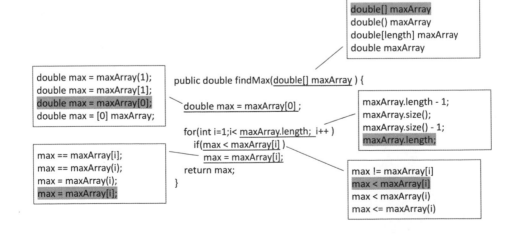

猛虎再臨！MTA Java 國際專業認證

◀)) 試題 29

你正在寫下方 Java 敘述：

```
int result = 3 + 5 * 3 % 2;
```

請問在執行完此程式碼之後，result 的值為何？

A. 0

B. 4

C. 8

D. 12

⊙ 答案

B. 4

初始化下方陣列：

```
int[][] scores = new int[][]
{
    {90, 100, 55, 78},
    {100, 89, 0, 85},
    {65, 92, 50, 91}
};
```

必須將分數由 0 變為 50，試問，要如何完成這項程式碼？

```
scores[ _____ ] [_____] = 50;
```

◎ 答案

```
陣列 [ 列 ( 橫 )] [ 欄 ( 直 )]
scores[ 1 ] [ 2 ] = 50;
```

◀)) 試題 31

試評估下方程式碼：

```
01   String s1 = "Hello World";
02   String s2 = "Hello World";
03   String s3 = s2;
04
05
```

下列敘述正確選「是」，反之選「否」。

- s1 和 s2 在記憶體中參考相同的物件？　　　　　（是）（否）

- s2 和 s3 在記憶體中參考相同的物件？　　　　　（是）（否）

- 一個不同的 string 可以被指派到第 4 行的 s1 ？　（是）（否）

- 一個不同的 string 可以被指派到第 5 行的 s2 ？　（是）（否）

◎ 答案

- s1 和 s2 在記憶體中參考相同的物件？　　　　　**（是）**

- s2 和 s3 在記憶體中參考相同的物件？　　　　　**（是）**

- 一個不同的 string 可以被指派到第 4 行的 s1 ？　**（是）**

- 一個不同的 string 可以被指派到第 5 行的 s2 ？　**（是）**

◀)) 試題 **32**

請配對 Java 數值與數據類型。

（**每個限用一次**）

boolean	byte	double	float	int

	100.45232d
	50.256f
	true
	120
	1200000

答案

boolean	byte	double	float	int

double	100.45232d
float	50.256f
boolean	true
byte	120
int	1200000

你正在寫一個能夠計算數學公式的 Java 方法，

這方法接受名為 number 的 int 值，並將它的平方取負值傳回。

請問要如何完成此程式碼？

-1	2	number	+	-	*	^

```java
public static int negativeSquare(int number) {

    return  ____  ____  ____  ____  ;

}
```

-1	2	number	+	-	*	^

```java
public static int negativeSquare(int number) {

    return  -  number  *  number  ;

}
```

你正在建立一個方法，來處理單據，這個單據必須包含在 ArrayList 的一個執行個體當中。處理完每個單據後，要用這個方法將單據從 ArrayList 執行個體中移除。試問，要如何完成以下程式碼？

```
                                        size()
                                        size() - 1
                        0               size() + 1
                        1

public static void process(ArrayList<String> invoices) {
    for(int i= _____ ;i<invoices. _____; _____ {
        String invoice = invoices.get(i);
        // TODO: Process the invoces
        invoices.remove(i);
    }
}
                                                    )
                                                    i = i + 1)
```

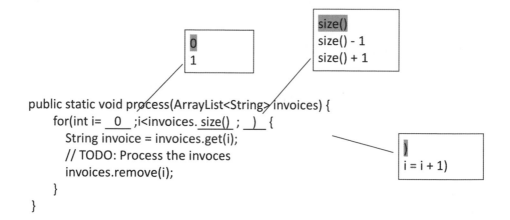

```
                                        size()
                                        size() - 1
                        0               size() + 1
                        1

public static void process(ArrayList<String> invoices) {
    for(int i= _0_ ;i<invoices. size() ; _)_ {
        String invoice = invoices.get(i);
        // TODO: Process the invoces
        invoices.remove(i);
    }
}
                                                    )
                                                    i = i + 1)
```

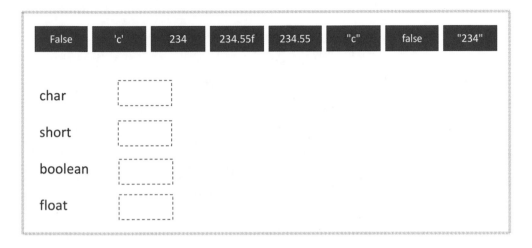

試題 35

你正在寫 Java 程式，請確保程式能精確地儲存資料，並使用最少量的記憶體空間。
請將下列數值與資料型態做配對。

| False | 'c' | 234 | 234.55f | 234.55 | "c" | false | "234" |

char ☐
short ☐
boolean ☐
float ☐

答案

| False | 'c' | 234 | 234.55f | 234.55 | "c" | false | "234" |

char 'c'
short 234
boolean false
float 234.55f

你正在寫一個 Java 應用程式,這個程式能夠讀取攝氏溫度,並轉換成華氏溫度。
請問要如何完成此程式碼?

```
                                      import
                                      class
                                      implements
                                      interface
_____ java.util.Scanner;                    Scanner input = new Scanner(System.in);
                                                   Scanner input = new Scanner();
public class TemperatureConverter {                Scanner input = new System.console();

  public static void main(String[] args) {
  _____             input.next();
    System.out.println("Enter a degree in Celsius: ");   input.nextDouble();
    double celsius = _____           input.nextint();
    double fahrenheit = 1.8 * celsius + 32;
    System.out.println(celsius + " Celsius is " + fahrenheit + " Fahrenheit");
  }
}
```

答案

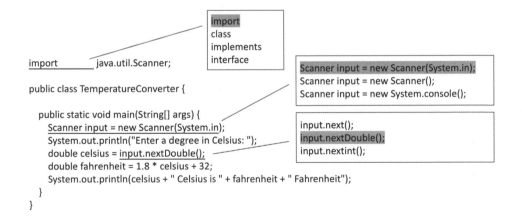

```
                                      import
                                      class
                                      implements
import          java.util.Scanner;    interface
                                                   Scanner input = new Scanner(System.in);
public class TemperatureConverter {                Scanner input = new Scanner();
                                                   Scanner input = new System.console();
  public static void main(String[] args) {
    Scanner input = new Scanner(System.in);        input.next();
    System.out.println("Enter a degree in Celsius: ");   input.nextDouble();
    double celsius = input.nextDouble();           input.nextint();
    double fahrenheit = 1.8 * celsius + 32;
    System.out.println(celsius + " Celsius is " + fahrenheit + " Fahrenheit");
  }
}
```

你撰寫了以下程式碼：

```
Scanner sc = new Scanner("1 Excellent 2 Good 3 Fair 4 Poor");
Object data1 = sc.next();
Object data2 = sc.next();
Object data3 = sc.nextInt();
Object data4 = sc.nextLine();
```

你必須決定 data1，data2，data3，data4 變數的值。

請根據上方資訊來選擇答案，並完成每項敘述。

答案

試評估下方程式碼：

```
01  public class Score {
02      static int extra = 500;
03      public static int changeScore(int score, Boolean bonus, int extra) {
04          if(bonus == true) {
05              score += extra;
06          }
07          return score;
08      }
09
10      public static void main(String[] args) {
11          Boolean bonus = true;
12          int score = 10;
13          int newScore = changeScore(score, bonus, 100);
14          System.out.println(score);
15          System.out.println(newScore);
16      }
17  }
```

- 第 7 行的 score 值為 110 　　　　　　（是）（否）

- 第 4 行的 bouns 值為 true 　　　　　　（是）（否）

- 第 5 行的 extra 值為 500 　　　　　　（是）（否）

- 第 14 行的 score 值為 110 　　　　　　（是）（否）

◎ 答案

- 第 7 行的 score 值為 110 　　　　　　**（是）**

- 第 4 行的 bouns 值為 true 　　　　　　**（是）**

- 第 5 行的 extra 值為 500 　　　　　　**（否）** ➜ 應為 100

- 第 14 行的 score 值為 110 　　　　　　**（否）** ➜ 應為 10

🔊 **試題 39**

下列敘述中，正確選擇「是」，反之，選擇「否」。

- main 方法一定是靜態，因爲其能在沒有實例化執行
  個體類別的情形下執行　　　　　　　　　　　　　　　（是）（否）

- main 方法參數 args 是 String 陣列的一種　　　　　　（是）（否）

- Java 應用程式只能接受一個來自命令列的引數　　　　（是）（否）

🎯 **答案**

- main 方法一定是靜態，因爲其能在沒有實例化執行
  個體類別的情形下執行　　　　　　　　　　　　　　　**（是）**

- main 方法參數 args 是 String 陣列的一種　　　　　　**（是）**

- Java 應用程式只能接受一個來自命令列的引數　　　　**（否）**

  → 可以接受很多引數

試評估下方程式碼：

```
01  public static void main(String[] args) {
02      int anum = 55;
03      for(int cnt=0;cnt<10;cnt++) {
04          add(anum);
05      }
06      System.out.println(anum);
07  }
08
09  public static void add(int anum) {
10      num++;
11  }
```

關於第 5 行的 anum 值，何者敘述正確？ _____

當 cnt 為 9，anum 的值為 55。
當 cnt 為 9，anum 的值為 56。
當 cnt 為 9，anum 的值為 64。
當 cnt 為 9，anum 的值為 65。

關於第 11 行的 anum 值，何者敘述正確？ _____

當 cnt 為 7，anum 的值為 55。
當 cnt 為 7，anum 的值為 56。
當 cnt 為 7，anum 的值為 62。
當 cnt 為 7，anum 的值為 63。

關於第 6 行的 cnt 值，何者敘述正確？ _____

cnt 的值為 10。
cnt 的值為 11。
cnt 的變數不在範圍內。

🎯 答案

關於第 5 行的 anum 值，何者敘述正確？　**當 cnt 為 9，anum 的值為 55。**

➜　anum 根本沒有改變，在此範圍一律都是 55。

關於第 11 行的 anum 值，何者敘述正確？　**當 cnt 為 7，anum 的值為 56。**

➜　由於 anum 傳進來的值都是 55，因此第 11 行 anum 的值也一律都是 56。

關於第 6 行的 cnt 值，何者敘述正確？　**cnt 的變數不在範圍內。**

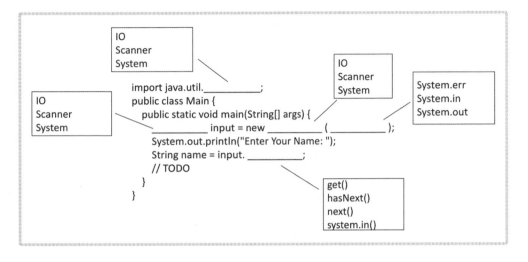

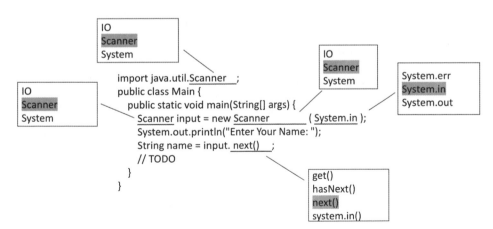

🔊 **試題 41**

你正在寫一個 Java 方法，此方法必須利用 java.util 套件類別，讀取主控台中的名稱。請問要如何完成此程式碼？

🎯 **答案**

試評估下方程式碼：

```
01  public static void method1() {
02      int x = 1;
03      int y = 1;
04      for(int i=0;i<10;i++) {
05          x += 1;
06      }
07      for(int i=0;i<10;i++) {
08          y += 1;
09      }
10  }
11  public static void method2() {
12      int i = 1;
13      int sum = 0;
14      for(int i=0;i<10;i++) {
15          sum += 1;
16      }
17  }
```

- 二種方法編譯皆無誤 （是）（否）

- 第一個方法會編譯錯誤，因爲變數 i 是由二個
  非嵌套塊宣告「non-nested blocks」 （是）（否）

- 第二個方法會編譯錯誤，因爲變數 i 是由宣告
  在二個嵌套塊宣告「nested blocks」中 （是）（否）

🎯 答案

- 二種方法編譯皆無誤 （**否**）
  → 只有 method2() 方法會編譯錯誤。

- 第一個方法會編譯錯誤，因爲變數 i 是由二個
  非嵌套塊宣告「non-nested blocks」 （**否**）

- 第二個方法會編譯錯誤，因爲變數 i 是由宣告
  在二個嵌套塊宣告「nested blocks」中 （**是**）

試評估下方程式碼：

```
01  public class ScopeTester
02  {
03      int x = 5;
04      static int y = 5;
05
06      public void test()
07      {
08          int x = 10;
09          int y = 10;
10
11          System.out.println("x = " + x);
12          System.out.println("this.x = " + this.x);
13          System.out.println("y = " + y);
14          System.out.println("ScopeTester.y = " + ScopeTester.y);
15      }
16  }
```

- 第 11 行的輸出值為：＿＿＿＿＿＿＿＿＿＿＿＿＿＿＿＿＿＿＿

- 第 12 行的輸出值為：＿＿＿＿＿＿＿＿＿＿＿＿＿＿＿＿＿＿＿

- 第 13 行的輸出值為：＿＿＿＿＿＿＿＿＿＿＿＿＿＿＿＿＿＿＿

- 第 14 行的輸出值為：＿＿＿＿＿＿＿＿＿＿＿＿＿＿＿＿＿＿＿

◎→ 答案

- 第 11 行的輸出值為：x = 10

- 第 12 行的輸出值為：this.x = 5

- 第 13 行的輸出值為：y = 10

- 第 14 行的輸出值為：ScopeTester.y = 5

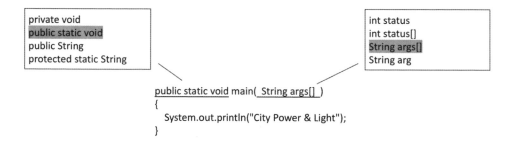

試題 44

你正爲了 City Power & Light 公司開發一個 Java 控制台應用程式。爲了能讓程式順利執行，你需要定義下列程式的方法簽名（method signature）。請問要如何完成此程式碼？

```
private void
public static void
public String
protected static String
```

```
int status
int status[]
String args[]
String arg
```

```
_____main(_____)
{
        System.out.println("City Power & Light");
}
```

答案

```
private void
public static void
public String
protected static String
```

```
int status
int status[]
String args[]
String arg
```

```
public static void main(_String args[]_)
{
        System.out.println("City Power & Light");
}
```

3 ▶ MTA Java 認證模擬試題（B）

注意！以下考題皆為筆者所搜集的類模擬試題，僅供讀者參考。實際題目應以 MTA Java 官方考試認證為準！

◀)) 試題 1

試評估下方程式碼：

```
int x = 50;
x += 100 % 5 + 10 * 2;
```

請問 x 的最終值為何？

A. 0

B. 10

C. 20

D. 50

E. 70

F. 110

◀)) 答案

E. 70

試評估下方程式碼：

```
01  try {
02      int x = 1 / 0;
03      System.out.println("try");
04  } catch (ArithmeticException ex) {
05      System.out.println("catch ArithmeticException");
06  } catch (Exception ex) {
07      System.out.println("catch Exception");
08  } finally {
09      System.out.println("finally");
10  }
```

下列輸出有顯示請選「是」，反之選「否」。

- try 　　　　　　　　　　　　　（是）（否）

- catch ArithmeticException 　　（是）（否）

- catch Exception 　　　　　　　（是）（否）

- finally 　　　　　　　　　　　（是）（否）

答案

- try 　　　　　　　　　　　　　**（否）**

- catch ArithmeticException 　　**（是）**

- catch Exception 　　　　　　　**（否）**

- finally 　　　　　　　　　　　**（是）**

◀)) 試題 3

你是一位 Java 程式設計師，一位同事建立了以下程式：

```
01  public static void main(String[] args) {
02      int timer = 60;
03      while(timer >= 0) {
04          if(timer = 0)
05              break;
06          else {
07              System.out.println("The timer is counting down ...");
08              timer++;
09          }
10      }
11  }
```

此程式應該要在從 60 開始倒數時，顯示一段訊息在主控台上，然而結果卻不如預期。請問要如何完成此程式碼？

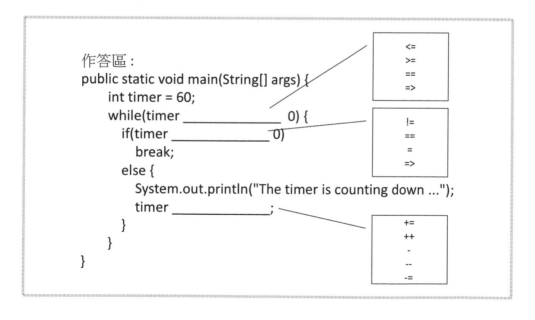

作答區：

```
public static void main(String[] args) {
    int timer = 60;
    while(timer ___>=___ 0) {
        if(timer ___==___ 0)
            break;
        else {
            System.out.println("The timer is counting down ...");
            timer ___--___;
        }
    }
}
```

<table>
<tr><td><=</td></tr>
<tr><td>>=</td></tr>
<tr><td>==</td></tr>
<tr><td>=></td></tr>
</table>

<table>
<tr><td>!=</td></tr>
<tr><td>==</td></tr>
<tr><td>=</td></tr>
<tr><td>=></td></tr>
</table>

<table>
<tr><td>+=</td></tr>
<tr><td>++</td></tr>
<tr><td>-</td></tr>
<tr><td>--</td></tr>
<tr><td>-=</td></tr>
</table>

試題 4

◀))) **試題 4**

試評估下方程式碼：

```
01  public static int fee(char model) {
02        int price = 0;
03        switch(model) {
04            case 'A':
05                price = 50;
06                break;
07            case 'T':
08                price = 20;
09            case 'C':
10                price = 5;
11                break;
12            default:
13                price = 100;
14                break;
15        }
16        return price;
17  }
```

請根據上方資訊，選擇正確答案。

- 當 model = 'A' 值，回傳值爲何？_____
- 當 model = 'T' 值，回傳值爲何？_____
- 當 model = 'C' 值，回傳值爲何？_____
- 當 model 爲其他值，回傳值爲何？_____

◉ **答案**

- 當 model = 'A' 值，回傳值爲何？ **50**
- 當 model = 'T' 值，回傳值爲何？ **5**
- 當 model = 'C' 值，回傳值爲何？ **5**
- 當 model 爲其他值，回傳值爲何？ **100**

你在冒險工程公司（Adventure Works）擔任 Java 程式設計實習生，你的主管要求你建立一個方法。

此方法必須符合以下要求：

- 接受一個 int 陣列。

- 檢查此陣列中的重複值。

- 一但偵測到重複值即停止外部迴圈，並傳回 true。

- 如果陣列中的所有值都為唯一，則傳回 false。

請問要如何完成此程式碼？

```
x = 0;
x = 1;
int x = 1;
int x = 0;
```

```
public static boolean duplicate(int [] array) {
    boolean isDuplicate = false;
    for(_____  _____ x++) {
        for(int y = x + 1; y<array.length; _____)
            if(array[x] == array[y])
                isDuplicate = true;

        if(isDuplicate)
            _____
    }
    return isDuplicate;
}
```

```
x < array.length – 2;
x < array.length – 1;
x <= array.length;
x <= array.length – 1;
```

```
x + x + 1
y++
y = y – 1
x--
```

```
break;
switch;
finally;
continue;
```

```
x = 0;
x = 1;
int x = 1;
int x = 0;
```

```
public static boolean duplicate(int [] array) {
    boolean isDuplicate = false;
    for(    int x = 0;  x<=array.length-1; x++) {
        for(int y = x + 1; y<array.length;        y++        )
            if(array[x] == array[y])
                isDuplicate = true;

        if(isDuplicate)
            break;
    }
    return isDuplicate;
}
```

```
x < array.length − 2;
x < array.length − 1;
x <= array.length;
x <= array.length − 1;
```

```
x + x + 1
y++
y = y − 1
x--
```

```
break;
switch;
finally;
continue;
```

◀)) 試題 6

試寫一個名爲 countdown 的 Java 方法。

此方法必須符合以下要求：

- 接受一個名爲 start 的 int 資料型態參數。

- 以遞減的方式顯示從 start 到 0 之間的所有數字。

請問要如何完成此程式碼？

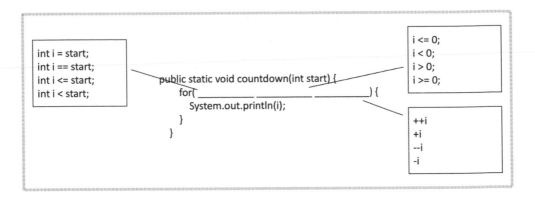

⊙ 答案

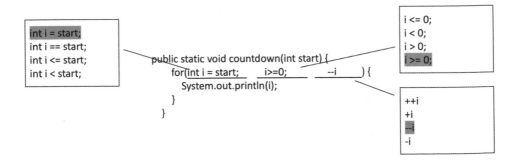

試寫一 Java 方法。

此方法必須符合以下要求：

- 接受一個名爲 entries 的 String 陣列。

- 逐一查看 entries 中的元素。

- 如果有任何元素超過 10 個字元，即停止查看，並傳回 false。

- 如無以上情況，回傳 true。

請問要如何完成此程式碼？

```
do              public boolean validateEntries(String[] entries) {        ;
for                 boolean allValidEntries = true;                       :
while               _____(String entry _____ entries) {         ++
                        if(entry.length() > 10) {                         instanceof
                            allValidEntries = false;
                            _____                                    break;
                        }                                                 continue;
                    }                                                     goto;
                    return allValidEntries;
                }
```

答案

```
do              public boolean validateEntries(String[] entries) {        ;
for                 boolean allValidEntries = true;                       :
while               ____for____(String entry ____:____ entries) {         ++
                        if(entry.length() > 10) {                         instanceof
                            allValidEntries = false;
                            ____break;                                    break;
                        }                                                 continue;
                    }                                                     goto;
                    return allValidEntries;
                }
```

◀)) 試題 8

北風交易商（Northwind Traders）僱用你來寫一個管理開戶的 Java 程式。

要開一個新帳戶必須符合以下要求：

- 年滿 65 歲以上，並且最低年薪達 10,000 美元。

- 年滿 21 歲以上，並且年薪必須高於 25,000 美元。

請問要如何完成此程式碼？

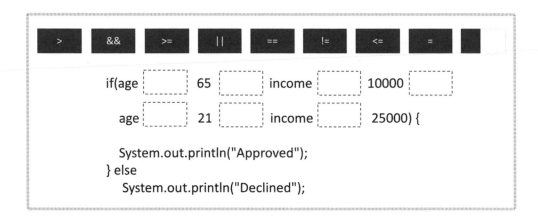

答案

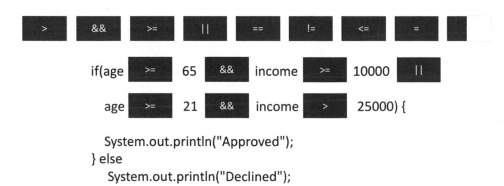

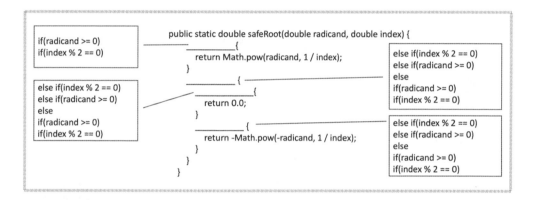
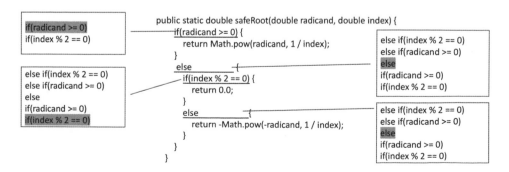

◀))) 試題 9

試寫一個為 safeRoot 名稱的 Java 方法。

此方法必須符合以下要求：

- 接受二個 double 參數，radicand 和 index。
- 如果 radicand 為負數，而 index 為偶數，則傳回 0.0。
- 如果 radicand 為負數，而 index 為奇數，則傳回 –Math.pow(-radicand, 1/index)。
- 如果以上皆非，則傳回 Math.pow(radicand, 1/index)。

請問要如何完成此程式碼？

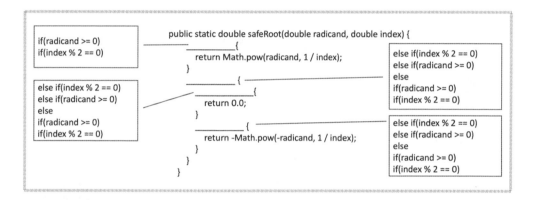

答案

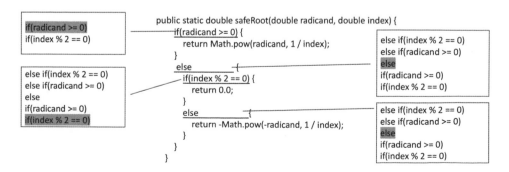

289

你正應徵 Java 程式設計師的工作，你需要展示你對 switch 指令的了解能力。

下方程式碼片段，如果可以用 switch 及最多 3 個 case 改寫完成，請選「是」，反之選「否」。

```
A.
if(age >= 25) {
    discount = 0.50;
} else if (age >= 21) {
    discount = 0.25;
} else {
    discount = 0.0;
}
```

（是）　（否）

```
B.
if(grade == "A") {
    message = "Exceeds Standards";
} else if (grade == "B") {
    message = "Meets Standards";
} else {
    message = "Needs Improvement";
}
```

（是）　（否）

```
C.
if(gpa == 4.0) {
    priority = 1;
} else if (gpa >= 3.0) {
    priority = 2;
} else if(gpa >= 2.5) {
    priority = 3;
}
```

（是）　（否）

◎ 答案

```
A.
if(age >= 25) {
    discount = 0.50;
} else if (age >= 21) {
    discount = 0.25;
} else {
    discount = 0.0;
}
```

（否）

```
B.
if(grade == "A") {
    message = "Exceeds Standards";
} else if (grade == "B") {
    message = "Meets Standards";
} else {
    message = "Needs Improvement";
}
```

（是）

```
C.
if(gpa == 4.0) {
    priority = 1;
} else if (gpa >= 3.0) {
    priority = 2;
} else if(gpa >= 2.5) {
    priority = 3;
}
```

（否）

◀)) **試題 11**

下方程式碼：

```
String stringValue = "true";
```

當需要將 stringValue 的數值，轉換為 Boolean 資料型態或 Boolean 類別時，下列敘述何者正確？

A. boolean booleanValue = stringValue;

B. Boolean booleanValue = (Boolean)stringValue;

C. boolean booleanValue = stringValue.getBytes();

D. Boolean booleanValue = Boolean.parseBoolean(stringValue);

◀→◎》 **答案**

D. Boolean booleanValue = Boolean.parseBoolean(stringValue);

試評估下方程式碼片段。

```
double dNum = 2.667;
int iNum = 0;
iNum = (int)dNum;
```

執行此程式碼片段後,結果為何?

A. iNum 的值為 3。

B. 產生一個例外 (Exception)。

C. iNum 的值為 0。

D. iNum 的值為 2。

答案

D. iNum 的值為 2

◀)) 試題 13

你正在寫一個 Java 程式，程式中的方法必須符合以下要求：

- 接受名為 firstName 的 String 參數。

- 顯示包含 firstName 的歡迎訊息。

- 名字的第一個字母要大寫，其他維持小寫。

試問，要如何完成程式碼？

```
charAt      substring      toLowerCase      toUpperCase      firstName

public String showGreeting(String firstName) {
    String welcomeMsg = "Welcome, ";
    welcomeMsg += [          ] .substring(0, 1). [          ] () +
        firstName. [        ] (1). [        ] ();
    return welcomeMsg;
}
```

⌖ 答案

```
charAt      substring      toLowerCase      toUpperCase      firstName

public String showGreeting(String firstName) {
    String welcomeMsg = "Welcome, ";
    welcomeMsg += firstName .substring(0, 1). toUpperCase () +
        firstName. substring (1). toLowerCase ();
    return welcomeMsg;
}
```

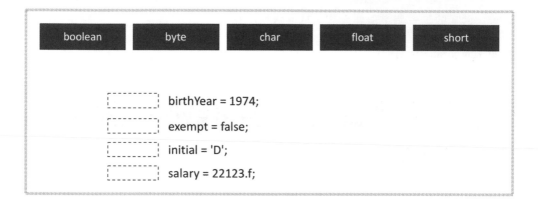

試題 14

你正在寫一個能夠收集病患資料，並儲存於資料庫中的 Java 程式。

你必須確保此程式中所使用的變數，佔用最少量的記憶體空間。

針對你宣告的每個變數應該使用和中資料型態？

boolean	byte	char	float	short

```
[_____] birthYear = 1974;
[_____] exempt = false;
[_____] initial = 'D';
[_____] salary = 22123.f;
```

答案

boolean	byte	char	float	short

```
short   birthYear = 1974;
boolean exempt = false;
char    initial = 'D';
float   salary = 22123.f;
```

第一部分

◀) 試題 **15**

你正開發一個玩井字遊戲的 Java 程式，你必須爲下方陣列定義，以儲存遊戲狀態：

```
char[][] grid = {
                {'-', '-', 'X'},
                {'-', '-', '-'},
                {'-', 'O', '-'}
};
```

請根據上方資訊選擇正確答案。

■ 哪一個陣列元素包含「X」：_____

■ 哪一個陣列元素包含「O」：_____

第二部分

◎➤ 答案

■ 哪一個陣列元素包含「X」： **grid[0][2]** _____

■ 哪一個陣列元素包含「O」： **grid[2][1]** _____

下方唯一程式碼片段：

```
01   public static void main(String[] args)
02   {
03       double number = 27;
04       number %= -3d;
05       number += 10f;
06       number *= -4;
07       System.out.println(number);
08   }
```

請問第 7 行程式的輸出為何？

A. -44

B. -40.0

C. 40.0

D. 44.0

答案

B. **-40.0**

你正在應徵一個 Java 工程師的工作，下方程式碼出現在你面前：

```
01   char data1 = 65;
02   System.out.println(data1);
03
04   long data2 = 65;
05   System.out.println(data2);
06
07   float data3 = new Float("-65.0");
08   System.out.println(data3);
09
10   short data4 = new Short("65.0");
11   System.out.println(data4);
```

試評估程式碼執行時會得到的結果？

執行第1、2行時會發生？
- 將會顯示數字 65
- 將會顯示字母 A
- 將會顯示異常

執行第4、5行時會發生？
- 將會顯示數字 65
- 將會顯示數字 65.0
- 將會顯示異常

執行第7、8行時會發生？
- 將會顯示數字 -65
- 將會顯示數字 -65.0
- 將會顯示異常

執行第10、11行時會發生？
- 將會顯示數字 65
- 將會顯示數字 65.0
- 將會顯示異常

執行第1、2行時會發生？

執行第4、5行時會發生？

執行第7、8行時會發生？

執行第10、11行時會發生？

將會顯示數字 65
將會顯示字母 A
將會顯示異常

將會顯示數字 65
將會顯示數字 65.0
將會顯示異常

將會顯示數字 -65
將會顯示數字 -65.0
將會顯示異常

將會顯示數字 65
將會顯示數字 65.0
將會顯示異常

試評估下方程式碼片段。

```
01  int a = 5;
02  int b = 10;
03  int c = ++a * b--;
04  System.out.println(c);
05  int d = a-- + ++b;
06  System.out.println(d);
```

請選出正確答案？

- 第 4 行的輸出為何？ _____

- 第 6 行的輸出為何？ _____

答案

- 第 4 行的輸出為何？ 　60 _____

- 第 6 行的輸出為何？ 　16 _____

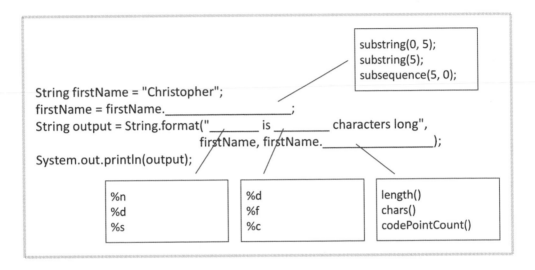

試題 19

你正在寫一個 Java 程式，並且必須符合以下要求：

- 將名字 firstName 截短成前 5 個字元。

- 設定輸出字串包含名字及名字的字元數。

試問，要如何完成程式碼？

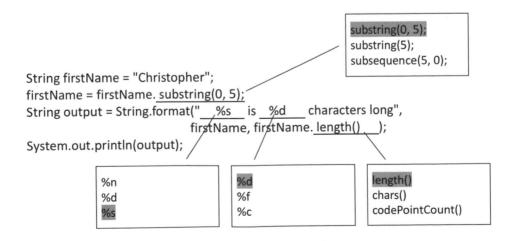

答案

◀)) **試題 20**

你正在面試 Java 程式設計師工作。

你需要宣告一個資料型態為 double 的二列三欄陣列，陣列中元素包含初始數值。

試問，要如何完成程式碼？

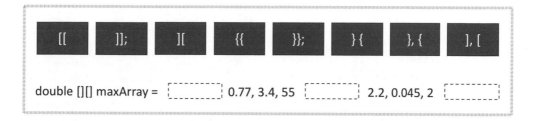

🎯 **答案**

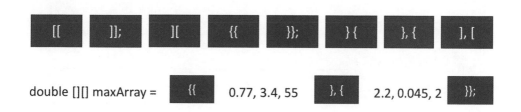

第四部分

試評估下方程式碼：

```
01   public static void main(String[] args)
02   {
03       int x = 5;
04       int y = 7;
05       String value1 = "x + y = " + x + y;
06       System.out.println(value1);
07       String value2 = null;
08       value2 = value2 + " + x + y";
09       System.out.println(value2);
10       String value3 = "x + y + " + (x + y);
11       System.out.println(value3);
12   }
```

- 第 06 行輸出爲何？ _____

- 第 09 行輸出爲何？ _____

- 第 11 行輸出爲何？ _____

🎯 答案

- 第 06 行輸出爲何？   **x + y = 57**

- 第 09 行輸出爲何？   **null + x + y**

- 第 11 行輸出爲何？   **x + y + 12**

◀)) 試題 22

評估下方畫底線的內容，判斷是否有誤。

你要利用一個 int 數據類型變數，來儲存 3,000,000,000（30 億），
並使用最少量的記憶體。請選擇正確的選項。

- **A.** 無需做任何改變

- **B.** 一個 short

- **C.** 一個 byte

- **D.** 一個 long

⊷► 答案

- **D.** 一個 long

▦ 解析

int 的資料範圍 2147483647 ~ -2147483648

long 的資料範圍 -9223372036854775808 ~ 92223372036854775807

■))) 試題 23

試寫一個 Java 方法：

■ 此方法接受一個 String 二維陣列，且能印出每一陣列元素的內容。

■ 此陣列的每一維度大小也許不同。

試問，要如何完成程式碼？

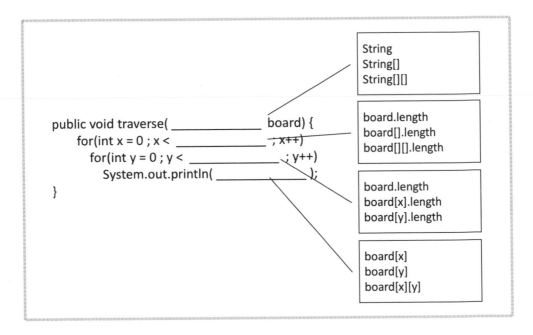

答案

```
public void traverse(    String[][]    board) {
    for(int x = 0 ; x <    board.length   ; x++)
        for(int y = 0 ; y < board[x].length  ; y++)
            System.out.println(  board[x][y]  );
}
```

String
String[]
String[][]

board.length
board[].length
board[][].length

board.length
board[x].length
board[y].length

board[x]
board[y]
board[x][y]

🔊 試題 24

你的執導老師要求你評估四個運算程式碼片段，
請問每一個程式碼片段為何？

- (2 + 3) * 4 – 1 = _____
- 4 * 4 + 2 * 5 = _____
- 8 * 2 % 3 = _____
- 5 / 2 - 4 % 2 = _____

🎯 答案

- (2 + 3) * 4 – 1 = **19** _____
- 4 * 4 + 2 * 5 = **26** _____
- 8 * 2 % 3 = **1** _____
- 5 / 2 - 4 % 2 = **2** _____

優先順序	運算符
1	( ) [ ] .
2	! +(正) -(負) ~ ++ --
3	* / %
4	+(加) -(減)
5	<< >> >>>
6	< <= > >= instanceof
7	== !=
8	&
9	^
10	|
11	&&
12	||
13	?:
14	= += -= *= /= %= &= |= ^= ~= <<= >>= >>>=

試題 25

身為一名 Java 程式設計師，你必須將以字串表示的數值，轉換成 double 型態的值。
下列何者為你所需使用的？

    A.   double.parseDouble(numberString);

    B.   Double.parseDouble(numberString);

    C.   Double.valueOf(numberString);

    D.   String.parseDouble(numberString);

 答案

    B.   Double.parseDouble(numberString);

> **NOTE**
>
> 選項 C 回傳的是 Double 而非題意上的 double。

◀)) **試題 26**

試評估下方例外狀況：

```
Exception id thread "main" java.lang.ArrayIndexOutOfBoundsException: 5
    at mtajava.Program.arrayDisplay(Program.java:31)
    at mtajava.Program.beginProcess(Program.java:23)
    at mtajava.Program.main(Program.java:18)
```

- 根造成的例外狀況是在 beginPrecess() 方法中。 （是）（否）

- 錯誤發生在第 31 行。 （是）（否）

- 在錯誤發生前，三個方法都被叫用。 （是）（否）

- 堆疊追蹤顯示此例外狀況是由語法錯誤造成。 （是）（否）

答案

- 根造成的例外狀況是在 beginPrecess() 方法中。 **（否）**

- 錯誤發生在第 31 行。 **（是）**

- 在錯誤發生前，三個方法都被叫用。 **（是）**

- 堆疊追蹤顯示此例外狀況是由語法錯誤造成。 **（否）**

第一部分

◀)) 試題 27

下方爲一段程式碼：

```
int num1 = 10;
int num2 = 20;
int num3 = 30;
```

你必須建立一個 int 陣列，並以 numbers 爲名，初始化 num1、num2、num3。
試問，要如何完成程式碼？

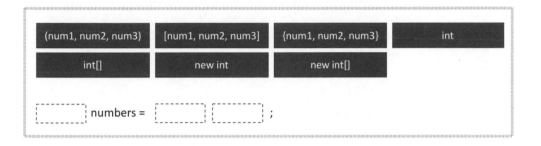

你正在寫一個 Java 程式碼，是能夠將名爲 number 的數字型態變數，轉換名爲 text 的字串變數。

根據下方程式碼片段，正確請選「是」，反之選「否」。

- String text = " + number;　　　　　　（是）（否）

- String text = " " + number;　　　　　　（是）（否）

- String text = number.toString();　　　　（是）（否）

- String text = String.valueOf(number);　　（是）（否）

答案

- String text = " + number;　　　　　　**（否）**

- String text = " " + number;　　　　　　**（是）**

- String text = number.toString();　　　　**（否）**

- String text = String.valueOf(number);　　**（是）**

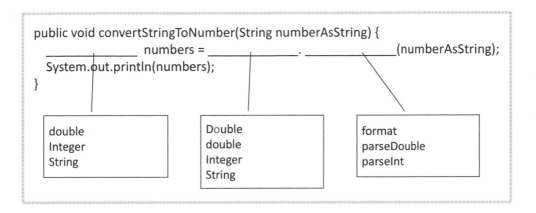

試題 29

你正在建立一個方法，是能夠將一個採用字串來表示的數字，轉換成數字格式。這個方法所轉換的字串包括整數及小數部分。

試問，要如何完成程式碼？

```
public void convertStringToNumber(String numberAsString) {
    _____ numbers = _____. _____(numberAsString);
    System.out.println(numbers);
}
```

double		Double		format
Integer		double		parseDouble
String		Integer		parseInt
		String		

答案

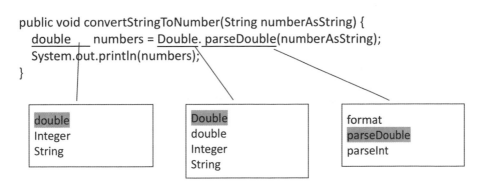

```
public void convertStringToNumber(String numberAsString) {
    double    numbers = Double. parseDouble(numberAsString);
    System.out.println(numbers);
}
```

double		Double		format
Integer		double		parseDouble
String		Integer		parseInt
		String		

下方為一程式碼片段：

```
01  class Customer
02  {
03      private int id = 3;
04      public static void main(String[] args)
05      {
06          Customer customer = new Customer();
07          id = 5;
08          showId();
09      }
10
11      protected void showId()
12      {
13          System.out.println(id);
14      }
15  }
```

下列敘述正確請選「是」，反之選「否」。

- 將變數 id 的存取修飾詞該改為 public　　　　　　（是）（否）

- 將 showId 方法的存取修飾詞該改為 public;　　　（是）（否）

- 在第 7、8 行加入前置詞 customer. 到 id 和 showId()　（是）（否）

🎯 答案

- 將變數 id 的存取修飾詞該改為 public　　　　　　**（否）**

- 將 showId 方法的存取修飾詞該改為 public;　　　**（否）**

- 在第 7、8 行加入前置詞 customer. 到 id 和 showId()　**（是）**

◀)) 試題 31

你正在寫一個名爲 SavingsAccount 的 Java 類別。此類別必須符合以下要求：

- 繼承現有的 Account 類別。

- 包含一個建構式，是利用基本類別建構函式來初始化起始值。

- 包含一個 toString() 的替代方法。

試問，要如何完成程式碼？

```
                                                    :
                                                    extends
                                                    inherits
                                                    implements

            public class SavingsAccount _____ Account {
Account          double rate = 0.02;
base             SavingsAccount(double startingBalance) {
constructor          _____ (startingBalance);      @Implements
super            }                                           @Inject
            _____                                  @Overload
            public String toString() {                       @Override
                return String.format("Savings Current Balance: $%.2f", this.getBalance());
            }
        }
```

◎ 答案

```
                                                    :
                                                    extends
                                                    inherits
                                                    implements

            public class SavingsAccount extends Account {
Account          double rate = 0.02;
base             SavingsAccount(double startingBalance) {
constructor          super (startingBalance);                @Implements
super            }                                           @Inject
            @Override                                        @Overload
            public String toString() {                       @Override
                return String.format("Savings Current Balance: $%.2f", this.getBalance());
            }
        }
```

313

試題 32

請根據畫底線的內容來判斷選項敘述是否正確。

下方為類別定義：

```
class Logger {
    public void logError(String message) {
    }
}
```

logError 方法能夠被<u>與 Logger 類別相同套件的所有類別程式碼</u>所呼叫使用。

請審視畫底線的內容。

A. 無需做任何改變。

B. 只能被 Logger 類別所叫用。

C. 只能被 Logger 類別以及承襲與其相同套件的類別所叫用。

D. 能夠被所有套件的所有類別所叫用。

答案

A. 無需做任何改變。

NOTE

class Logger 的權限是預設 (package)，因此會被此項權限受限。

有一名為 InsurancePolicy 的 Java 類別。

試定義 InsurancePolicy 類別中一個名為 RATE 的常數資料成員。此資料成員必須在即使沒有實例化 InsurancePolicy 類別的情況下，也可以被任何類別存取。

請問要如何完成此程式碼？

| final | finally | private | protected | public | static | super | void |

```
public class InsurancePolicy {
    [      ] [      ] [      ]  double RATE = 0.0642 ;
}
```

答案

```
public class InsurancePolicy {
    public  static  final  double RATE = 0.0642 ;
}
```

試題 34

```
public class Student {
    public String name = "Bob";
    // line1
    public String toString() {
        return name;
    }
}
```

Sutudent 類別必須使用自訂 toString 方法，而非一般方法。

你應該在 // line 1 中使用何項註釋（annotation）？

A. @Override

B. @Inherited

C. @Repetable

D. @SuppressWarnings

答案

A. **@Override**

🔊 **試題 35**

你在 Woodgrove 銀行擔任 java 程式開發人員。

試評估下方類別：

```
01   public class Account {
02       protected int balance;
03       public Account() {
04           balance = 0;
05       }
06       public Account(int amount) {
07           balance = amount;
08       }
09   }
```

下列敘述正確請選「是」，反之選「否」。

- Account 類別有單一建構函式。　　　　（是）（否）

- 其他類別可以承襲 Account 類別。　　　（是）（否）

- 第 7 行相當於 this.balance = amount;　（是）（否）

🎯 **答案**

- Account 類別有單一建構函式。　　　　**（否）**

- 其他類別可以承襲 Account 類別。　　　**（是）**

- 第 7 行相當於 this.balance = amount;　**（是）**

你正在寫一個 Java 應用程式，這個程式接受命令列引數。你必須確保 main 方法
能處理命令列中每一個引數。請問要如何完成此程式碼？

```
public static void main(_____ args)
{
    for (int i = 0 ; i < _____ ; i++)
    {
        handleArgument(_____);
    }
}
```

ArrayList<String>
String
String[]

args[i]
args[0]
args.length
args.length - 1
args.length + 1

args[i]
args[0]
args.charAt(i)

答案

```
public static void main(_____String[]_____ args)
{
    for (int i = 0 ; i < args.length ; i++)
    {
        handleArgument(_____args[i]_____);
    }
}
```

ArrayList<String>
String
String[]

args[i]
args[0]
args.length
args.length - 1
args.length + 1

args[i]
args[0]
args.charAt(i)

◀)) 試題 **37**

```
public class Box {
    protected short minBoxWidth;
    protected short mxnBoxWidth;
}
```

minBoxWidth 及 maxBoxWidth 數據成員皆只能被 Box 類別存取。

A.　無須做任何改變。

B.　只能被相同套件的類別，以及繼承 Box 的類別存取。

C.　只能被沒有繼承 Box 的類別存取。

D.　能夠被所有類別存取

◎ 答案

B.　只能被相同套件的類別，以及繼承 Box 的類別存取。

🔊 試題 38

試計算下方 Java 程式：

```
01  public class JavaProgram1
02  {
03      int x = 25;
04
05      public static void main(String[] args)
06      {
07          JavaProgram1 app = new JavaProgram1();
08          {
09              int x = 5;
10          }
11          {
12              int x = 10;
13          }
14          int x = 100;
15          System.out.println(x);
16          System.out.println(app.x);
17      }
18  }
```

- 第 15 行執行結果為？ _____

- 第 16 行執行結果為？ _____

🎯 答案

- 第 15 行執行結果為？ __100__

- 第 16 行執行結果為？ __25__

試計算下方 Java 程式：

double pi = Math.PI; // 3.141593

System.out.printf("Pi is %.3f%n", pi);　　　　請作答：_____

System.out.printf("Pi is %.0f%n", pi);　　　　請作答：_____

System.out.printf("Pi is %09f%n", pi);　　　　請作答：_____

◎ 答案

double pi = Math.PI; // 3.141593

System.out.printf(" Pi is %.3f%n ", pi);　　　請作答：**Pi is 3.142**

System.out.printf(" Pi is %.0f%n ", pi);　　　請作答：**Pi is 3**

System.out.printf(" Pi is %09f%n ", pi);　　　請作答：**Pi is 03.141593**

試題 40

你正在寫一個 Java 應用程式，此程式必須符合以下要求：

- 讀取一行由使用者輸入的文字。

- 將讀取的文字中的每個單字，分別輸出一行到螢幕。

請問要如何完成此程式碼？

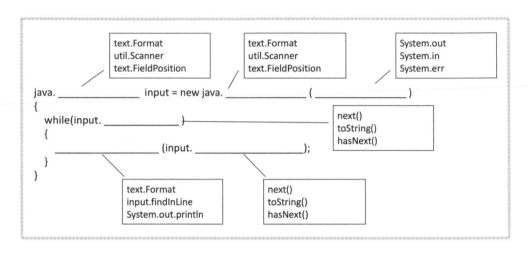

答案

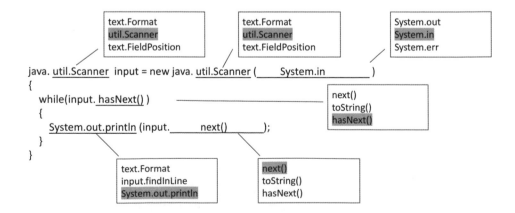

試評估下方計算獎學金金額的 Java 方法。

```
01  static double calculateAward (double gpa, int satScore, int actScore) {
02      double award = 0;
03      if(gpa >= 3.7 && (satScore >= 1200 || actScore >= 26)) {
04          award = 30000;
05      } else if(gpa >= 3.0 || satScore >= 1200 || actScore >= 26) {
06          award = 15000;
07      }
08      return award;
09  }
10  public static void main(String[] args) {
11      System.out.println(calculateAward(3.2, 1100, 28));
12      System.out.println(calculateAward(2.7, 1500, 30));
13      System.out.println(calculateAward(3.7, 1300, 23));
14  }
```

- 試問第 11 行執行結果？ _____

- 試問第 12 行執行結果？ _____

- 試問第 13 行執行結果？ _____

◎ 答案

- 試問第 11 行執行結果？ **15000.0** _____

- 試問第 12 行執行結果？ **15000.0** _____

- 試問第 13 行執行結果？ **30000.0** _____

試分析下方程式碼片段：

```
01   public void printInt() {
02       if(true) {
03           int num = 1;
04           if(num > 0) {
05               num++;
06           }
07       }
08       int num = 1;
09       addOne(num);
10       num = num - 1;
11       System.out.println(num);
12   }
13   public void addOne(int num) {
14       num = num + 1;
15   }
```

A. 0

B. 1

C. 2

D. 3

答案

A. 0

◀)) 試題 43

你正在建立一個 Java 應用程式，你需要讀取一位使用者輸入的出生日期。

請問要如何完成此程式碼？

```
                              java.io.*
                              java.util.Scanner

import _____ ;
public class DataReader {
  public static String getBirthdate() {
    System.out.println("Enter your birthday in the format MMDDYYYY" s);
    _____ ;          InputStream stream = System.in
    String birthdate = _____ ;   Scanner sc = new Scanner(System.in)
    _____ ;
    return birthdate;                   stream.read()
  }                                     sc.next()
}                                       stream.mark(8)
    stream.close()                      sc.wait()
    sc.close()
    stream.wait()
    sc.wait();
```

⊙ 答案

```
                              java.io.*
                              java.util.Scanner

import java.util.Scanner ;
public class DataReader {
  public static String getBirthdate() {
    System.out.println("Enter your birthday in the format MMDDYYYY" s);
    Scanner sc = new Scanner(System.in) ;   InputStream stream = System.in
    String birthdate = sc.next()      ;     Scanner sc = new Scanner(System.in)
    sc.close()         ;
    return birthdate;                       stream.read()
  }                                         sc.next()
}                                           stream.mark(8)
    stream.close()                          sc.wait()
    sc.close()
    stream.wait()
    sc.wait();
```

第四部分

試題 44

你正在參加一間公司的面試，主考官要求你建立一個簡易的 Java 應用程式，這個程式需要從命令列中取出多種參數，並且按照與命令列相同的順序輸出到螢幕。你應該使用下列選項中哪三組程式碼片段來開發此專案？

```
public static void main(String arguments)

    System.out.println(args[i]);
    }
}
    System.out.println(arguments[i]);
    }
}
for (int i = 0 ; i < arguments.length ; i++) {
for (int i = 0 ; i < args.length ; i++) {
for (int i = 0 ; i < Integer.parseInt(args[0]) ; i++) {
public static void main(String[] args) {
```

答案

```
public static void main(String arguments)

    System.out.println(args[i]);
    }
}
    System.out.println(arguments[i]);
    }
}
for (int i = 0 ; i < arguments.length ; i++) {
for (int i = 0 ; i < args.length ; i++) {
for (int i = 0 ; i < Integer.parseInt(args[0]) ; i++) {
public static void main(String[] args) {
```

```
public static void main(String[] args) {

    for (int i = 0 ; i < args.length ; i++) {

        System.out.println(args[i]);
        }
    }
}
```

猛虎再臨！MTA Java 國際專業認證(Microsoft Exam：98-988)

作　　者：段維瀚
企劃編輯：蔡彤孟
文字編輯：王雅雯
設計裝幀：張寶莉
發 行 人：廖文良

發 行 所：碁峰資訊股份有限公司
地　　址：台北市南港區三重路 66 號 7 樓之 6
電　　話：(02)2788-2408
傳　　真：(02)8192-4433
網　　站：www.gotop.com.tw
書　　號：ACR009300
版　　次：2019 年 10 月初版
建議售價：NT$400

國家圖書館出版品預行編目資料

猛虎再臨！MTA Java 國際專業認證 (Microsoft Exam：98-988) / 段維瀚著. -- 初版. -- 臺北市：碁峰資訊, 2019.10
　　面；　　公分
　　ISBN 978-986-502-271-6(平裝)
　　1.Java(電腦程式語言)
312.32J3　　　　　　　　　　　　　　　10014732

讀者服務

- 感謝您購買碁峰圖書，如果您對本書的內容或表達上有不清楚的地方或其他建議，請至碁峰網站：「聯絡我們」\「圖書問題」留下您所購買之書籍及問題。(請註明購買書籍之書號及書名，以及問題頁數，以便能儘快為您處理)

  http://www.gotop.com.tw

- 售後服務僅限書籍本身內容，若是軟、硬體問題，請您直接與軟體廠商聯絡。

- 若於購買書籍後發現有破損、缺頁、裝訂錯誤之問題，請直接將書寄回更換，並註明您的姓名、連絡電話及地址，將有專人與您連絡補寄商品。